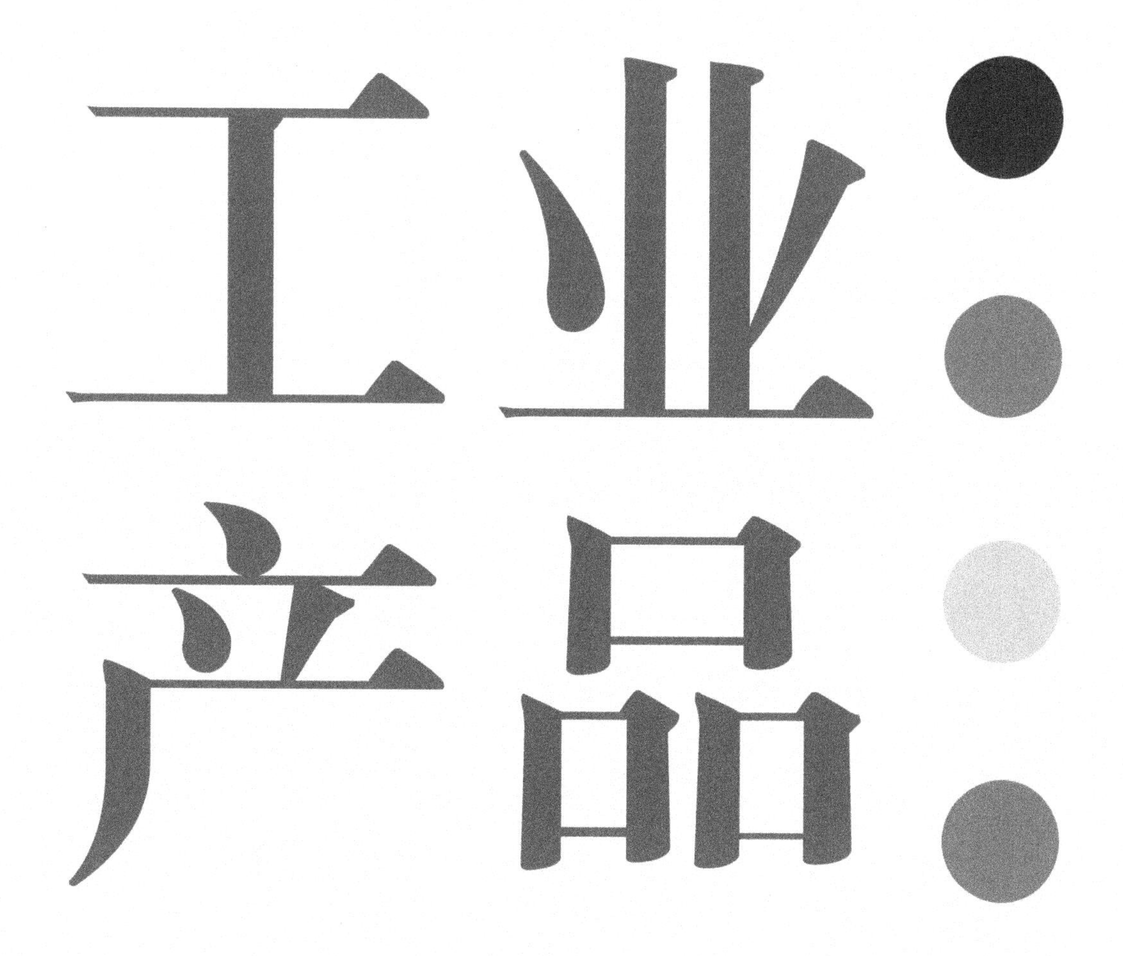

艺术设计与表现技法研究

周 楠 王丽霞 著

国家一级出版社 中国纺织出版社 全国百佳图书出版单位

图书在版编目（CIP）数据

工业产品艺术设计与表现技法研究 / 周楠，王丽霞著. -- 北京：中国纺织出版社，2019.3（2022.1 重印）
ISBN 978-7-5180-5043-7

Ⅰ. ①工… Ⅱ. ①周… ②王… Ⅲ. ①工业产品—产品设计—研究 Ⅳ. ①TB472

中国版本图书馆CIP数据核字(2018)第112299号

责任编辑：汤　浩　　　　**责任印制：**储志伟

中国纺织出版社出版发行
地　　址：北京市朝阳区百子湾东里 A407 号楼　**邮政编码：**100124
销售电话：010-67004422　　**传真：**010-87155801
http: / / www.c-textilep.com
E-mail:faxing@c-textilep.com
中国纺织出版社天猫旗舰店
官方微博 http: / / weibo.com / 2119887771
北京虎彩文化传播有限公司印刷　各地新华书店经销
2019 年 3 月第 1 版　　2022 年 1 月第 9 次印刷
开　　本：710mm × 1000mm　1 / 16　　**印张：**14.5
字　　数：200 千字　　**定价：**67.00 元

前　言

人类最初的造物活动是最本质的文化现象，从艺术文化学的角度来说，造物文化也就是造物艺术文化。造物艺术是艺术文化的一种特殊形态，是视觉艺术语言。工业艺术设计在产品设计中的价值不容置疑，尤其是来自工业4.0和智能制造2025的呼唤和挑战，供给侧改革引领下的产品设计价值新主张、新思维、新观念，都将成为企业取胜的法宝。新时期工业经营思想有了很大的转变，艺术思想开始融入工业产品设计与研发项目。设计是产品销售的前期工作，注重产品设计质量改善有助于生产指标的提升。

本书详细介绍了工业产品艺术设计的基本概念、工业产品艺术设计的发展，以及相关的工业产品艺术设计的基础、工业产品艺术设计的流程及方法、工业产品标志的艺术设计、工业产品造型设计等。此外，还研究介绍了工业产品的表现技法以及相关的设计效果图 、工业产品设计的立体表现等。本书理论体系完整、清晰，重点研究了工业产品艺术设计与表现技法。

本书编写旨在帮助广大读者朋友建立一个与时俱进的、完整的、有历史感的设计理论体系，帮助读者培养敏锐的市场观察力、商业运作能力，熟悉从材料、工艺到文化、环境等各个领域的知识，并能够跨界融合对未来进行前瞻性思考。

本书是由杭州职业技术学院的周楠、王丽霞所著。第一章至第六章及第九章、第十章由周楠编写；第七章、第八章由王丽霞编写。在编写过程中，笔者查阅了大量国内外的最新研究成果、文献资料，借鉴了部分专家学者和前辈们的经验及著作，在此特向作者表示由衷的感谢！由于时间仓促，加之笔者水平、精力有限，书中难免有不足之处，望广大读者见谅并提出宝贵意见。

周楠　王丽霞

2018年5月

目　录

第一章　工业产品艺术设计概述

第一节　工业产品艺术设计的基本概念

工业产品设计不仅能够决定我国工业产品在世界市场上的竞争力，而且决定我国经济发展的后劲。然而，从目前来看，我国工业产品大多以 OEM 贴牌加工的方式生产与销售。工业设计还比较薄弱，这种现状必须加以改变，才能促进我国经济的可持续发展，才能使人类的梦想和能力得到空前的实现和延伸。

一、基本理念

（一）设计的理念

设计广义指一切造型活动的计划，狭义专指图案装饰。合理性、经济性、审美性和独创性是其基本要求和特点。19 世纪的设计，只是对美术工艺品或其它大量产品的外表附加装饰。因此，当时的设计师就是装饰图案家或者纹样创作者。20 世纪后，设计的焦点转移到产品的功能、构造、加工技术等综合计划方面，并加强了与机械量产相结合的意识，于是就再难用“图案”一词来表示，美国毛霍里·纳吉和托马斯 · 玛尔德纳德等主张：“设计不是东西表面的装饰，而是在某一种目的的基础上综合社会、人类、经济、技术、艺术、心理、生理等要素，并按照工业生产的轨迹计划产品的技术。”

可从不同角度对设计进行分类，有以近代机械量产为前提的广义的工业设计；有以手工艺为主精心制作的工艺美术设计；有以社会公用为对象的轻工业设计及家庭生活或个人生活范围内的家庭设计；有公共用品设计和个人用品设计等。另外，着眼于设计的对象和材料、加工技术等，有产品设计、家具设计、车辆设计、广告设计、纺织品设计、木工设计、陶瓷设计、玻璃设计等。

（二）工业设计的理念

工业设计的对象是批量生产的产品，区别于手工业时期单件制作的手工艺品。要求必须将设计与制造、销售与制造加以分离，实行严格的劳动分工，以适应高效批量生产。这时，设计师便随之产生了。所以工业设计是现代化大生产的产物，研究的是现代工业产品，满足现代社会的需求。

产品的实用性、美和环境是工业设计研究的主要内容。工业设计从一开始就强调技术与艺术相结合，所以它是现代科学技术与现代文化艺术融合的产物。它不仅研究产品的形态美学问题，而且研究产品的实用性能和产品所引起的环境效应，使它们得到协调和统一，更好地发挥其效用。

工业设计的目的是满足人们生理与心理双方面的需求。工业产品是满足手工艺时人们生产和生活的需要，无疑工业设计就是为现代的人服务的。它要满足现代人们的要求，所以它首先要满足人们的生理需要。一个杯子必须能用于喝水，一支钢笔必须能用来写字，一辆自行车必须能代步，一辆卡车必须能载物等。工业设计的第一个目的，就是通过对产品的合理规划，而使人们能更方便地使用它们，使其更好地发挥效力。在研究产品性能的基础上，工业设计还通过合理的造型手段，使产品能够具备富有时代精神，符合产品性能与环境协调的产品形态，使人们得到美的享受。

工业设计是有组织的活动。在手工业时代，手工艺人们大多单枪匹马，独自作战。而工业时代的生产，则不仅批量大，而且技术性强，而不可能由一个人单独完成，为了把需求、设计、生产和销售协同起来，就必须进行有组织的活动，发挥劳动分工所带来的效率，更好地完成满足社会需求的最高目标。

工业设计专业是培养具备工业设计的基础理论、知识与应用能力，能在企事业单位、专业设计部门、科研单位从事工业产品造型设计、视觉传达设计和科研工作的应用型高级专门人才。

（三）工业艺术设计的理念

艺术可以是宏观概念也可以是个体现象，通过捕捉与挖掘、感受与分析、

整合与运用（形体的组合过程、生物的生命过程、故事的发展过程）通过感受（看、听、嗅、触碰）得到的形式展示出来的阶段性结果。

艺术设计：艺术设计是一门独立的艺术学科，主要包含工艺美术品制作与设计、平面设计、多媒体设计等。它的研究内容和服务对象有别于传统的艺术门类。同时，艺术设计也是一门综合性极强的学科，它涉及社会、文化、经济、市场、科技等诸多方面的因素，其审美标准也随着诸多因素的变化而改变。艺术设计实际上是设计者自身综合素质（如表现能力、感知能力、想象能力）的体现。所谓艺术设计，就是将艺术的形式美感应用于日常生活紧密相关的设计中，使之不但具有审美功能，还具有实用功能。换句话说，艺术设计首先是为人服务的（大到空间环境，小到衣食住行），是人类社会发展过程中物质功能与精神功能的完美结合，是现代化社会发展进程中的必然产物。

（1）艺术设计的最大的特点就是服务性。艺术设计的第一动机不是表达，是对生活方式的一种创造性的改造，是为了给人类提供一种新的生活的可能，不论是在商业活动中的信息传达里的应用，还是日常生活的行为方式中的应用，艺术设计就是让人类获得各种更有价值及更有品质的生存形式。它让生活更加简单、舒适、自然、效率这是艺术设计的终极目的。艺术设计最终的体现是优秀的产品，这个体现我们从乔布斯和苹果的产品中可以完全感受得到，苹果的设计就改变了现代人的行为方式，乔布斯的设计梦想就是改变世界，它以服务消费者为目的，用颠覆性、开拓性的设计活动来实现这一目标，好的艺术设计产品能改变世界，好的艺术品能触动世界，这是不同的。

（2）工业设计史上的流派与组织。新古典主义是指资本主义初期最先出现在文化上的一种思潮，在建筑和设计史上是指18世纪60年代开始在欧美盛行的古典形式。18世纪前的欧洲，巴洛克和洛可可风格盛行一时，其烦琐的装饰与贵金属的镶嵌逐渐引起了人们的厌恶。在探求新的设计风格的过程中，希腊、罗马的古典建筑成了当时的创作源泉。1750年，罗马庞贝遗址被发掘，在欧洲引起了研究古典艺术的热潮，人们认识到古典艺术质量远远超过巴洛克与洛可可，促成了新古典的产生与流行。新古典追求古典风格和简洁、典雅、节制的品质和高贵的纯朴及壮穆的宏伟。在建筑上追求建筑物体形的单纯、独立和完整，细节的朴实，形式的符合结构逻辑，并且减少纯装饰性的构件，显示了人们对于理性的向往。新古典在各国的发展虽然有共同之处，但多少也有些差异，大体上在法国是以罗马式样为主，而在英国、德国则是希腊式样较多。新古典风格也体现于当时的产品上，其特点是放弃了洛可可过分矫饰的曲线和华丽的装饰，追求合理的结构和简洁的形式，构件和细部装饰喜用古典建筑式的部件。英国新古典家具的成就很大，其中涌现了一大批优秀的设计师，它们长于设计朴素、实用的形式，其设计出来的产品成了现代家具设计的先声。折中主义在19世纪，一个更为直接和严峻的问题是风格上的折中主义。所谓折中主义就是任意模仿历史上的各种风格，或自由组合各种式样而不拘泥于某种特定风格，所以也被称为集仿主义。随着生产的商品化，需要用丰富多彩的式样来满足和刺激市场，于是希腊、罗马、拜占庭、中世纪、文艺复兴的情调杂然并存，汇为奇观。同时，19世纪的交通已很便利，考古学大为发达，加上摄影术的发明，帮助人们认识和掌握了古代遗产，以致有可能对各种式样进行拼凑与模仿。

（3）艺术形象贯穿于艺术活动的全过程。艺术家在创造的过程中始终离不开具体的形象。正如郑板桥画竹子，它观察、体验竹子的形象始于“园中之竹”“眼中之竹”，艺术构思孕育了“胸中之竹”，而磨砚展纸倏作变相最后完成了“手中之竹”，可见竹子的形象自始至终伴随了画竹的全过程。艺术家不仅在创作过程中从不脱离生动具体的形象，其创造的成果艺术品，更需展现具体可感的艺术形象，并以其强烈的艺术感染力去打动每一个欣赏者。因此，艺术欣赏的过程也要通过对艺术形象的感情来引发对作品中情境、意境的体味。这足以说明形象贯穿了艺术活动的每个环节，形象性成为艺术区别于其它社会意识形态的最基本的特征，也就是艺术反映社会生活的特殊形式，是创作主体对于客体对象瞬间领悟式的审美创造。它是感性的不是推理的，是体验的，而不是分析的。

同时，艺术形象的创造又不能离开理性，艺术中的形象是有意味的形象，是渗透了艺术家深刻理性思考的形象。它不是客观生活图景随意照搬，而是艺术家经过选择、加工并融入艺术家对人生理解，对社会事物的态度和理性认识的外化和彰显。鲁迅先生就曾说过：画家所画的，雕塑家所雕塑的表面上是一张画、一个雕像，其实是它的思想和人格的表现。另外，艺术家从事创作活动中的理性思维、在把握时代氛围、遴选素材和题材、构思主题和情节、选择表现形式等方面均具有举足轻重的作用。因此，艺术活动是形象把握与理性把握的有机统一。

二、工业产品的设计与需求

（一）设计的内容

设计是把一种设想通过合理的规划、周密的计划和各种感觉形式传达出来的过程。人类通过劳动改造世界、创造文明、创造物质财富和精神财富，而最基础、最主要的创造活动是造物。设计便是造物活动进行预先的计划，可以把任何造物活动的计划技术和计划过程理解为设计。设计是把一种计划、规划、设想通过视觉的形式传达出来的活动过程。设计大部分为商业性质，少部分为艺术性质。

设计的范围甚广，从产品、平面、计算机网络、建筑到一部电影、一座城市，全都需要设计。设计是有创造性的有目的的活动，通过设计，我们的生活发生了改变，我们获得不同的情感体验。在此，仅就工业设计的概念和范围展开探讨。

随着现代科技的发展、知识社会的到来、创新形态的嬗变，设计也正由专业设计师的工作向更广泛的用户参与演变，以用户为中心的、用户参与的创新设计日益受到关注，用户参与的创新 2.0 模式正在逐步显现。用户需求、用户参与、以用户为中心被认为是新条件下设计创新的重要特征，用户成为创新 2.0 的关键词，用户体验也被认为是知识社会环境下创新 2.0 模式的核心。设计不再是专业设计师的专利，以用户参与、以用户为中心也成了设计的关键词，Fab Lab、Living Lab 等的创新设计模式的探索正在成为设计的创新 2.0 模式。

设计是一种创造活动，其目的是确立产品多向度的质量、过程、服务及其整个生命周期系统。因此，设计是科技人性化创新的核心因素，同时，它也是文化与经济交流至关重要的因素。从定义可以看出，当代的设计概念已与过去不同，每个时代有着这个时代特定的设计的定义，因为时代在进步，人的生活方式也在不断地改变，人们对于设计的需求也在发生着改变，因此设计的定义也因时代不同而不同。

设计的类型有：沟通设计，有时也称为沟通艺术（Arts）或是视觉传达设计；平面设计：是 CI 系统的视觉表现化，通过平面的表现，突出企业文化和企业形象；三维设计（3D Design）：是一个广泛的种类，然而并不常用。在三维设计当中，多以计算机动画、工业或建筑设计的三维模型为主要创作的项目。设计的种类相当多，设计在许多领域都有应用，涉及的方面也比较广泛。

（二）设计的目的

设计的目的是好用、好看、舒服、有档次、能解决问题等。这些可能都是我们在日常生活中对产品所期待的，都是我们所需要的，人的需求很多很复杂，那我们究竟需要什么？

1．设计的本质

设计的本质就是要通过适当的外部形状、色彩充分但不夸张地、真实而不虚假地表现出产品的内涵。

设计的本身是创造，是人的生命力的体现。设计师前瞻性的构思是设计创新的来源，是人类都必须依赖的生命力与原动力。创新其实就是人民描述未来远景的一种方式，设计师的任务就是借助本身的直觉能力去发掘与构筑世界的新价值，并予以视觉化。这种新价值可以说是对未来所做的假设，也可以说是一种预言，所以设计师必须具备将种种信息在自己的脑海里进行瞬间加工整合的能力，这就是直觉预言能力的开始。设计绝对不仅仅是针对现

有社会的要求，提供一个直接而短程的答案，更要去发掘潜在的不易觉察的社会需求，并且针对这些需求，提出具有前瞻性的解决方案。

根据马斯洛需求级数，从基本的生理要求的满足，到心理、文化、自我满足等要求，并不单纯是简单的生理要求的满足。如果从人的基本要求来看，应该说起码包括有两个大的层次，即物理层次（或称为生理层次）和心理层次。舒服、适用、安全、方便等是属于第一个层次范畴的；而美观、大方、时髦、象征性、品位、地位象征性等则是属于第二个层面的内容。在大多数产品的需求上，人们都是首先要求物理或者生理需求的满足，然后再要求心理需求的满足。

2．设计的目的

设计的目的就是满足人们的需求，研究设计也就是要研究人的需求，并将需求转化为产品，并且要使人们能通过设计感受到产品的品质，从而产生购买的欲望。

设计不是艺术，因此设计并不能仅仅根据设计师的好恶来创作，不能像艺术家那样随心所欲地创作。一个好的设计师必须对时尚潮流具有敏锐的洞察力，对受众的接受能力具有很强的观察力，对设计对象的需求具有很强的理解力，并将其感受应用于设计当中。

这就要求我们研究分析特定的用户群。澳大利亚亚裔设计师贾若德•李这样总结自己的设计初衷：“我的原则是设计人们日常使用的优美事物，我希望人们可以在使用中感受到愉悦、惊奇、快乐和满足。当进行设计时，我想到的是家人或朋友使用它们的样子。”愉悦是用户使用产品时的更高级的体验享受，这是对设计更高的要求。其实，愉悦也可以归结为人的某种心理上的需求，在忙碌的生活中，人们很少有闲暇去感受简单生活的快乐，对于一件生活必需品，可能你所期待的只是功能上的满足，而当你在使用的过程之中体验到了探索的惊奇与快乐时，就会使你在平凡生活中获得来自这件产品。这个设计所带来的愉悦，也许这样的需求是用户未预先期待的，但对于愉悦的需求本身是存在于人的潜意识当中的，它应该被满足。

（三）设计与需求

在产品供大于求的市场条件下，消费者有了更广的选择范围，消费需求也就日趋个性化、情感化。消费需求结构中生理需求的主导地位日益为心理需求所取代，消费者在注重产品质量的同时更加注重情感的愉悦和满足。

当前，我国企业的生产正逐步从原来的粗放型转向为内涵型，产品生产也从原来的“粗制”转变为“精制”。为了保证产品质量，降低成本，提高生产效率，企业在未来的生产中自动化程度将大大地提高，一线的生产将向机电一体化、程控化、数字化方向发展，形成迫使我们在机械加工方面不仅要会操作普通机床，而且要会操作数控机床。此外，还要求我们具有分析、判断、处理生产过程中的突发事件的能力；具有开拓创新能力、团队协作能力和交际能力。通过本课题的完成，我们能够加强自己对数控知识的掌握。

1. 设计与时代相结合

设计是人类为了实现某种特定的目的而进行的创造性活动，它包含于一切人造物品的形成过程当中。随着生产力的发展，市场上提供的产品极大丰富，而产品同质化导致竞争日益激烈，很多企业因此濒临困境，甚至陷入价格战的泥沼。那么，在这样的市场条件下如何能够拉开产品差别，创造高附加值呢？工业设计就是这座引路灯塔。企业为摆脱其它同类产品的市场挤压，建立自身产品独特生命力而导入工业设计。优良的工业设计能够催生新的市场，促进市场细分，引导消费需求。无疑，设计与时代密切相关，与社会发展，与科技水平，与政治制度，都不可分割。例如，从 NOKIA 8250 到 IPHONE 仅仅 7 年的时间，无论是造型还是界面都发生了很大的变化，与现代的手机相比，8250 造型的改变并不是很大，而手机的界面却是翻天覆地地改变了。从单色的简易屏幕加“功能表”和“电话簿”两大功能菜单到全触摸 1600 万像素的屏幕，手机的界面因为科技的发展，人们的需求功能的不断增加而日益丰富，使用操作更加方便、自由，手机与人的交互性能更好。

这是时代带给设计的影响，时代不同了，我们的生活方式无时无刻不在发生着改变，我们再也不是只要求打电话、发短信两个基本功能的时代了，

我们有了更新更多的需求，我们需要上网、照相、摄像、听音乐、商务功能等，不同的时代，我们有着不同的需求、未来谁也不知道手机会是个什么样子。

2. 设计的安全需求

安全感位于需求的第一层次，对于用户，一个产品的使用安全是最基本的，然而在生活中，我所用到的产品未必都能满足我们这个最基本的需求。例如，我们经常用到的两个例子：公共场所的门窗必须向外开；银行 ATM 取款机必须先出卡再出钱。这两个典型的问题在很多欧美国家已经形成“法律”。然而在我国，公共场所的门向内还是向外开并无明确规定，甚至还少有人去关注这个问题，有人认为门朝外开会浪费空间，会撞到外面经过的人。所以得向内开，但一旦发生灾难需要逃生时，门向内开将会非常浪费时间。对生活的设想和规划往往需要通过某种具体的产品来实现。产品要引起消费者的心理认同，就必须在设计上下工夫。

一个好的产品仅富于美感的造型是不够的，需要针对目标消费者的心理特点和消费趋势采用相应的设计。要充分考虑到消费者对产品整体概念的认知，对产品功能和特制个性的需求，设计出来的产品不仅要款式新颖，而且要能充分满足消费者的匮乏心理、好奇心理、潜愉心理和求实心理，使消费者在享受产品的全过程更舒适、安全、方便、省力，操作界面更富人性化、更友好，给用户最好的使用体验。工业设计的原动力就在于人们对和谐企业追求产品在技术、文化、形象、人因、成本等方面的统一的不懈追求。

一个设计上的忽视造成的安全问题是不可想象的。再说银行自动提款机，很多人在取完钱后忘记拿卡，可能大多数人都会将责任归结在自己身上，然后是不是有人会怀疑 ATM 机的操作流程的设计出了问题。在国外，大多数的 ATM 机会是先出卡再出钱，因为用户潜意识下认为钱的重要性大过卡，所以一般不会发生拿走卡忘拿钱的事。而国内大多数 ATM 机在取钱后并没有立即在屏幕上显示取卡的提示或是提示声音，存在着很大的不安全因素。这并不能完全怪用户，安全性这样基本的需求是最为重要的，也最需要思考、研究、建立模型和分析的。

3．设计的细节

工业设计创造性是一件好的产品设计最重要的前提，简洁是好设计的重要标志，适用性是衡量产品设计另一条重要的标准，人机关系合理，人机界面和谐，产品自身语言应善于自我注释，精心处理每一个细节，注重地域民族特色，蕴含文化特征，注意生态平衡，利于保护环境，产品设计的永恒性。

一个设计的成功之处往往在于细节部分的设计，那么我们在使用这些产品的同时是否对这些细节有所需求呢？答案是肯定的，宜家的成功之处就在于它抓住了人们生活中所忽略的细节，设计出这样的产品，让人在使用过程中更加方便且充满乐趣。以宜家的厨房产品为例，对于家庭主妇来说，每天重复做饭的工作确实无味，但生活中如果用上这几个造型新鲜的小东西，一定会为无聊的生活增加色彩，这即是细节的魅力，一个去核器、一个开酒器、一个压蒜器，解决了生活中细小琐碎麻烦的工作。细节这个需求位于我们第一需求层次和第二需求层次之间，产品的细节既是物理的，给人舒适感；方便的同时又是心理的，能给人带来情感上的体验，获得愉悦感。

4．设计的状态

设计应该是愉悦的，这也应该是每一个做设计的人所追求的，愉悦属于我们的心理需求层次，其实，愉悦并不仅仅属于用户，同时它也属于设计者，设计本身是一个愉悦的过程，那么当我们能为使用者带来愉悦时，我们其实会获得更多的愉悦。工业设计可以维护企业的竞争地位，并且促进企业的成长及发展。树立企业形象，可以促进企业其它产品的销售。新产品不仅具有较强的竞争能力，而且有更旺盛的生命力，往往可以创造出消费者对该类产品的新需求。

在生活中，我们需要方便、舒适，更需要快乐。这既是我们需要的，也是设计需要达到的。传统的切苹果的方式既不安全，又费时间，而宜家家居设计的一款苹果刀不仅能够均匀地切成八瓣，且一刀下去就好，苹果核也分离了出去。人们每次使用这个苹果刀，都会觉得很好玩。这就是获得愉悦的过程。一个小的产品既满足了第一需求又满足了第二需求，它即是很成功的。

第二节　工业产品艺术设计的发展

众所周知，当今的中国经济已处于高速发展的阶段，为了使我国工业产品的发展在世界经济竞争中立于不败之地，应大力发展我国的工业设计，因工业设计在经济发展中起着至关重要的作用。世界工业发展的状况表明工业设计是经济腾飞的必要因素，是提高综合国力的必要途径。然而，虽然我国的工业设计经过20余年的发展已形成了可观的规模和较大的成就，但工业设计的思想和观念仍然没有深入人心。除我国一些现代化大型企业（如海尔等）外，我国大部分企业的管理者仍然没有把工业产品设计放在企业发展的重要位置，依然是固守于模仿或抄袭国外产品。这不利于我国国民经济的可持续发展，因此，加强工业产品设计势在必行，刻不容缓。

一、工业产品设计的难点

随着我国社会经济的不断发展，工业产品的设计水平也在不断提高。不同形式下的工业产品设计理念和创造方式，都在预示着我国工业技术的发展和进步。但是在当前工业准则的限制下，工业产品的污染和原材料的浪费是限制工业设计技术进步的主要因素，如何解决好这一结构战略性问题，成了工业设计师的主要困扰。所以在产品设计的过程中引进绿色产品的设计理念，对工业产品的设计结构进行优化，从绿色低碳的方面对工艺产品的结构进行调整，减少原材料的浪费和环境污染，以绿色设计的理念为产品设计的原则和核心，充分挖掘产品的环保价值，促进绿色工艺产品的设计方式又好又快地发展，提高企业的经济效益和环境效益，构建良好的绿色发展蓝图。

一谈起工业产品设计，往往存在两种截然不同的立场和观点，即一类是纯工程的设计，另一类是纯艺术的设计。工程师为了要制造具有某种用途的产品，而客观地从国家标准的规定出发进行具体的规划计算，求得符合该功能的合理机构，并用确切的表达方法将它认为可直接交付生产的图样与文件的过程被称为工程设计。为了最终制造出这种有一定用途的产品，还要通过称为生产的操作过程。生产一般是机器的大批量制造活动，整个过程往往是分离的，即由工程师进行设计，由工人从事生产制造。

近来，绿色产品的工业设计进入了高速的发展时期，逐渐推动绿色工业体系的建设与完善，新的产品设计推广研发和使用也加快了整个产品设计行业的整体性的跨越。由于工业体系的飞跃式跨步也带动新的节能环保产品理念在设计行业中的不断普及。近年来，中国已经成为世界上绿色工业产品的生产、普及、推广的主要大国。绿色工业材料主导的产品形态与附属的链式产业，无论是在基础数量上还是在人均消费跨度上在世界都可以说是数一数二的。但是在这种绿色产品态势发展的背后是产品数量的快速增长和链式附属规模的过于庞大，从而引发了许多问题，高效的盲目性生产导致产能过剩，市场需求有限导致材料浪费都是行业发展不可忽略的问题，需要引起业内人士的高度关注。目前，在绿色产品的行业中，众多生产厂商并没有完全合格的生产资质，盲目跟随行业发展的潮流进行扩大化的积极生产，从而导致众多工业原材料被浪费掉。另外由于很多生产厂家不具备一定的绿色产品设计的技术规范，在工业原材料的使用方面有着诸多问题，造成环境污染的加剧和产品质量形态的不过关。

艺术家也进行设计，但它们的设计所关心的往往不是物的用途，如果设计的对象是有用的，也只是在不破坏这一可用性的前提下进行设计，并表现出最能符合主观审美意识的形态、色彩等外在形式，这种外在形式往往与物的内在功能并不一定有严格的统一关系，这类设计称为艺术设计。往往是由艺术家一人从头至尾完成的，而且是以手工为主，数量上以单件、小批量为主。

同时，在企业规划发展中应增加新型产品比重，发展无害化和资源节约型产品，使产品无污染、无公害。加强产品结构的优化调整，逐步淘汰老式设计和生产的模式，发展新型技术。努力开拓产品市场，扩展市场规模，对废弃的工业产品加强回收，提高技术利用率，达到再生和再利用的战略目标。对待无法进行循环利用的产品，要进行有效的处理，在确保无污染的前提下，

加强对金属材料的回收利用。

在企业产品生产的过程中，对再生产品结构进行适当调整，减少价格竞争性问题，充分打造企业自我发展理念，改变行业中落后的生产规则，要善于用创新的思维调整市场走向，做出符合市场实际需要的产品。同时要规范产品走势的健康发展，减少阻力因素，推动改革，将新的手段技术与服务相结合。但是创新的此举，预示着未来行业发展的中心和活动行为需要选择，具有很大的不稳定性和未知性，因此一个企业要创新产品，一直要做好全面的准备。要对各个相关方面进行深入系统的调查研究和科学客观的预测分析，不可单纯靠人为，在一定的创新规划性指导的情况下，对内容进行一定的量化分析，从而进行产品绿色创新机制的建立。

从现代工业产品设计的意义上说，应将两种设计进行有机整合。真正的工业产品设计活动是要最终制造出具有某种用途的以现代大工业手段生产的产品。所以设计不仅要客观地实现符合该特长功能的一种内在合理机构，并且要寻求一种符合广大消费者审美情趣的，能为消费者所接受的形式，并且这种形式与功能必须相适应。

二、如何进行工业产品设计

（一）结合产品的形态和结构进行设计

任何一种产品的物质功能都是通过一定的形式来体现的，对于不同的产品，所呈现的形式也不同。产品形态是指通过设计、制造来满足顾客需求，最终呈现在顾客面前的产品状况，其包括：产品传达的意识形态、视觉形态和应用形态。产品形态的好与坏，直接关系和影响产品的销售和市场占有率。在产品形态的结构上要协调和规划好产品形态的定义和外在表现。常用的规划方法有视觉感官评析法和顾客调查分析法。

产品结构是社会产品各个组成部分所占的比重和相互关系的总和。它可以反映社会生产的性质和发展水平，资源的利用状况，以及满足社会需要的程度。从宏观上讲，指一个国家或一个地区的各类型产品在国民经济中的构成情况；从微观上讲，指一个企业生产的产品中各类产品的比例关系。

一个产品最直接的表现形式，是通过一定的形态和结构来表现的。虽然产品及产品结构的发展变化是在不断发生的，也不排斥另外一些产品结构具有相对的稳定性，各个部分的比重大体保持在一定的水平上。各种不同的产品结构互相影响、互相制约。任何一种产品结构的变化都有一定的界限。在社会主义条件下，为使产品结构合理化，需要依据产品结构的发展趋势自觉地进行调整。工业产品的外形都是人为形态，都是为了满足人们的特定需要而创造出来的形态。产品的形态又可分为内在形态和外在形态。内在形态主要是通过材料、结构、工艺等技术手段来实现的，它是构成产品外在形态的基础，主要取决于科学技术的发展水平，并通过工程技术手段来加以实现。

同一产品采用不同的材料、不同的结构、不同的工艺手段，可产生不同的外观形象，内在形态直接影响着产品的外观造型，如同样一个闹钟设计，采用的表盘、指针和装置各不相同，可能构成方形和圆形两种不同的内在形态，它所呈现外观形态就有可能是方体和圆柱体两种形态。外在形态是指直接呈现于人们面前，给人们提供不同感官认识的形象。它是通过点、线、面、色彩、肌理等造型设计语言表现的一种形式，并通过材料、结构、工艺加以实现。同一功能技术指标的产品，外观形态的优劣往往直接影响着产品的市场竞争力。外观形态和结构受材料、制造加工工艺、文化、地域等条件的影响。产品的内在形态和外在形态是相互制约和相互联系的。

所以，设计一个产品时，首先要以产品功能技术指标来确定造型方向，以审美情趣确定产品造型风格，以地域特点、文化潮流形成造型特点，以加工工艺、使用方式、维修方式确定造型结构，以形式美法则和技术美要求完善产品形态和结构，以物质技术手段加工成产品，最后是以市场竞争力和使用效能来衡量其优劣。此外，生产力状况和科学技术水平是决定产品结构的主要因素。作为维系社会发展的主要因素之一，生产关系的性质对产品结构也发生重大作用。除了新产品、生产关系对产品结构的影响之外，产品结构受当地的自然环境、宗教信仰、风俗习惯、教育水平等因素的影响，也会对

产品结构发生一定的影响。随着生产力的发展和科学技术水平的提高，各种新产品层出不穷，日新月异，不断促进产品结构发生变化。

（二）使用合适的色彩进行设计

随着社会的发展，色彩也在设计中彰显出非常重要的作用。应该说色彩成了设计中不可或缺的重要一块。在现在这个竞争激烈的时代，尤其是在商品领域，为了要使一个商品引人注意，色彩的运用那就要讲究了。丰富多样的颜色可以分为无彩色系和有彩色系，有彩色系的颜色具有三个基本特性：色相、纯度（也称彩度、饱和度）、明度。在色彩学上也称为色彩的三大要素或色彩的三属性。饱和度为 0 的颜色为无彩色系。工业产品色彩设计的目的是使产品具备完美的造型效果，更好地体现产品自身功能特点，符合消费者的心理和生理需求，提高企业产品市场竞争力。要达到这一目的，途径和方法可以说有很多种，关键是要综合地分析企业、产品、市场、环境和消费者之间的关系，突出重点，发挥优势，才能创造出更有价值、更能促进社会发展、改善人们生活方式的好产品来。

要强调的是，颜色对人的影响也受诸多因素影响。比如与人的性格有关系，客观而理智的人，对色彩只注意到它是否鲜明等，不掺杂有情感成分，那么这类人的情绪受色彩影响就小。而情感丰富的人，比如一些富于联想的性格的女性，她们看见颜色，常常会想到与之有关联的事情，这类人的情绪就易受到色彩的影响。还有一些人看颜色都像看人一样各有其特殊的性格，有的颜色是和善的，有的是勇敢或狡猾的。处理问题时需要考虑的问题有许多，解决问题的方法和途径也有很多，但能够有针对性地、灵活地处理这些问题的方法才是最可取的。任何设计都不能完全地求多、求全、求完美，这需要看我们为人们设计什么样的产品，设计什么样的产品色彩。为了更好地以完美的色彩形式体现产品特点，要结合实际情况来进行设计。比如，色彩要适合特定的人群。产品的色彩要适合产品所定位的人群，现在的市场已经由原来的大众市场变为分众市场，并且市场的细分程度越来越高，应根据细分定位的人群来进行产品色彩的配置。

此外，市场的细分有根据年龄来细分的，有根据性别来细分的，也有根据社会阶层来细分的，而不同的人群对色彩有着不同的喜好和偏爱。一般来讲，年轻人多喜欢明度和纯度较高、色相鲜艳的颜色，年长者更倾向于深沉的颜色，女性比男性更偏向喜欢艳丽的颜色，而有一定社会地位的人更喜欢色调单纯甚至偏灰的颜色。只有因地制宜，才能为产品设计出合适的色彩，从而满足大众的需要。

（三）选用合适的材质肌理

材料是人类生存、社会发展、科技进步的坚实基础，是现代化革命的先导，是当代文明的三大支柱之一。20 世纪 70 年代，人们把信息、材料、能源作为社会文明的主要支柱。随着高技术的兴起，又把新材料与信息技术、生物技术并列作为新技术革命的重要标志。如今，材料已成为国民经济建设、国防建设和人民群众生活的重要组成部分。简单地说就是物体看起来是什么质地，材质就可以看成是什么材料和质感的结合。在渲染过程中，它是表面各可视属性的结合，这些可视属性是指表面的色彩、纹理、光滑度、透明度、反射率、折射率、发光度等。

在工业产品设计过程中，要注重通过选用适当的材料和肌理来增强外观形态的实用与审美特性。质感和肌理也是一种艺术表现形式，通过选用合适的造型材料来增加理性和感性认识成分，增强人机之间的亲近感，使产品更加具有人性。不同的产品所采用的材料是不同的，首先是满足功能需要，其次是满足人的需要。满足功能需要，主要是考虑使用材料的性能、加工工艺等是否符合生产需要，满足人的需要，主要是考虑使用材料是否能够增强人机的亲近感和互动性。

材质既是展示设计的新概念形成的重要内容，也是展示设计中形式和结构以及美学的基础保证，我们知道，当今的设计不论是空间还是环境的设计，包括产品设计和视觉传达设计等，在设计过程中都不可避免地将涉及自身不同的设计领域中所运用的不同材料，因此，学习和理解这些材料在不同专业领域中的知识，特别是在展示设计中的材料应用都具有重要的意义。不同的

材质和肌理所表达的“感觉”是不同的，给人的感受是不一样的。比如金属、玻璃可以表达整洁、高贵的感觉，但给人的感受有时却是冰冷的、没有感情的；塑料则可以表达科技、时尚的感觉，给人的感受是温和的、可信赖的。所以，产品造型所选用的材料要传达恰当的信息，给人以适宜的感受，增进人和产品之间的互动和信赖性。肌理是相对于产品的特性和加工工艺而言的。同一材料不同的肌理，给人的感受是不同的。如亮光钢板和亚光钢板给人的感受是截然不同的，亮光的材料，让人体验到科技的、智慧的、烦躁的感觉；亚光的材料，让人体验到神秘的、温柔的、安静的感觉。要根据产品特点进行设计，才能达到预期效果。

（四）进行合理的装饰设计

现今社会，人们除了需要产品的物质功能外，还需要精神功能的积极体现。随着人们生活水平的提高，审美形式的提升，个性化的设计理念逐渐被产品设计所采用，以迎合人们的不同需求。装饰设计的任务是要达到建筑物本身的使用功能，合理提高环境的物质水准，使人从精神上得以满足，提高室内空间的生理和心理环境质量。

现代装饰设计应运用现代科学技术法则和美学规律，尤其是居住建筑要从适用和经济的原则出发，力求空间布局合理，通风采光良好，利于家具陈设布置等，用较少的人、财、物创造出理想的环境，以此提高物质生活水准。同时，还应遵循美学法则，创造出一个富有个性而且优美的环境，充分表现不同功能空间和使用对象的精神内涵。

如果说产品的造型是对产品物质功能实现的一次包装，那么装饰设计就是对产品造型的又一次包装。产品造型设计应尽力体现产品的特点、使用环境、使用人群，同时还应融入文化、情趣、人性的设计理念。为了更好地体现这些设计理念，就应重视产品造型的装饰设计。产品造型的美感同时也包括了装饰的美感，美是内容与形式的统一。工业产品造型的装饰形式多种多样，要根据不同的产品类别、各异的功能等来确定装饰的手段和形式。比如，大客车的装饰设计一般以线形图案来进行装饰，主要是为了体现大客车的安全性、稳定性和舒适性。电子产品的装饰设计主要以线形和图形化的形式来展现，是为了体现一种时代感、高科技和个性化的设计理念。

第三节　工业产品艺术设计的应用

工业设计的对象是产品，其设计的目的是满足人们的需要。要从满足人的需求、人机工程学的运用、人性化设计要以美学为基础等方面分析工业产品的人性化设计。

一、工业产品的人性化设计以满足人的需求为目的

当今世界，工业产品在人类社会涉及面之广、参与程度之深前所未有，也正因为如此，设计师必须考虑工业产品带来的伦理因素。表现在产品设计中就是产品设计师运用伦理观去看待整个产品设计的过程，这样，对设计的伦理考量实质上就是设计师对产品可能带来的道德影响的关注，以及社会对其所设计产品的道德衡量。简单地说就是个人利益与社会共同利益的适应与协调。在产品设计中，鉴于产品还是人与外在的中介物，产品设计的道德还应当进而发展为人类利益与地球生态的适应与协调。因此，对于产品设计，其伦理价值就必然导致一种诚实、道德的设计观念，诚实的设计观念是指产品设计师在设计产品时，对产品的结构、功能、材料、装饰等都应本着实事求是的态度，该怎样就怎样，不故作匠气，不矫揉造作。古人赞女人之美曰："增之一分则太长，减之一分则太短"，诚实的产品设计也可类比为："增一分则伪，减一分则夭"。企业只有了解了人性中这些自然属性和社会属性，才能对错综复杂的人际关系和职工的行为和动机进行有效的引导和管理，才能根据企业不同的发展阶段提出更高的、更能发挥全员潜能的管理目标。

人性化设计要求设计要尊重人的价值，以满足人的需求为目的。人性化指的是一种理念，具体体现在美观的同时能根据消费者的生活习惯、操作习惯，方便消费者，既能满足消费者的功能诉求，又能满足消费者的心理需求。

人性化的理念在多个领域都有应用场景。人的需求是多方面的，在基本物质生活满足以后，高一级的精神需求就成为主要需求，而不管是物质的还是精神的需求都是以将二者相统一的产品形式来体现的。美国心理学家马斯洛将人的需求大致分为五个层次：生理需求、安全需求、爱和归属需求、尊重需求、自我实现的需求。人的社会属性受心灵支配，而心灵则是一种思想意识，是人类社会属性产生的源泉，可以通过人类一代代传承下去，并不断得到丰富。

思想意识在现代管理中起着决定性的作用。意识的先进性是社会进步、企业蓬勃发展的动力之源，因此，抓教育、抓培训、抓文化已成为现代管理成功的必由之路。企业家必须牢牢掌握企业文化对企业成长的作用方法，根据不同的企业特点，塑造自己的企业文化。

人性化设计是指在设计过程当中，根据人的行为习惯、人体的生理结构、人的心理情况、人的思维方式等，在原有设计基本功能和性能的基础上，对建筑和展品进行优化，使体验者参观、使用起来非常方便、舒适。是在设计中对人的心理、生理需求和精神需求的尊重和满足，是设计中的人文关怀，是对人性的尊重。

产品的人性化设计主要从两个层面来满足人的需求。第一个层面是生理和心理层面需求的满足，人性化的设计要求在以人为本的思想指导下，将设计的重点放在如何使产品更适合人的使用上。现代人机工程学对人体生理和心理的研究已经较为完善，设计师主要借助人机工程学来使产品适应人的生理、心理特点和使用习惯，提高产品在使用中的便利性和宜人性。第二个层面是审美和文化方面的需求。人性化的设计要求产品设计要从人对美的评价标准出发，通过对造型、材质、色彩等方面的合理组合，给产品的使用者带来审美的愉悦。产品的文化价值的需求涉及社会价值观念、民族习俗、伦理道德等诸多方面的内容，这就要求设计师在设计之前要通过细致的调查分析，了解消费者的喜恶倾向，并依靠自身敏锐的感知力对产品功能和形式加以预测。

二、工业产品的人性化设计中人机工程学的运用

所谓人机工程学，亦即是应用人体测量学、人体力学、劳动生理学、劳动心理学等学科的研究方法，对人体结构特征和机能特征进行研究，提供人体各部分的尺寸、重量、体表面积、比重、重心以及人体各部分在活动时的相互关系和可及范围等人体结构特征参数；还提供人体各部分的出力范围、以及动作时的习惯等人体机能特征参数，分析人的视觉、听觉、触觉以及肤觉等感觉器官的机能特性；分析人在各种劳动时的生理变化、能量消耗、疲劳机理以及人对各种劳动负荷的适应能力；探讨人在工作中影响心理状态的因素以及心理因素对工作效率的影响等。

所谓人性化产品，就是包含人机工程的产品，只要是“人”所使用的产品，都应在人机工程上加以考虑，产品的造型与人机工程无疑是结合在一起的。我们可以将它们描述为：以心理为圆心，生理为半径，用以建立人与产品之间和谐关系的方式，最大限度地挖掘人的潜能，综合平衡地使用人的机能，保护人体健康，从而提高生产率。仅从工业设计这一范畴来看，大至宇航系统、城市规划、建筑设施、自动化工厂、机械设备、交通工具，小至家具、服装、文具以及盆、杯、碗筷之类各种生产与生活所创造的“物”，在设计和制造时都必须把“人的因素”作为一个重要的条件来考虑。若将产品类别区分为专业用品和一般用品的话，专业用品在人机工程上则会有更多的考虑，它比较偏重于生理学的层面；而一般性产品则必须兼顾心理层面的问题，需要更多的符合美学及潮流的设计，也就是应以产品人性化的需求为主。

人机工程学是一门新兴的边缘科学。它起源于欧洲，形成和发展于美国。人机工程学在欧洲称为“Ergonomics”，这名称最早是由波兰学者雅斯特莱鲍夫斯基提出来的，它是由两个希腊词根组成的。“ergo”的意思是“出力、工作”，“nomics”表示“规律、法则”的意思，因此，“Ergonomics”的含义也就是“人出力的规律”或“人工作的规律”，也就是说，这门学科是研究人在生产或操作过程中合理地、适度地劳动和用力的规律问题。人机

工程学在美国称为“Human Engineering”（人类工程学）或“Human Factor Engineering”（人类因素工程学）。日本称为“人间工学”，或采用欧洲的名称，音译为“Ergonomics”，在我国，所用名称也各不相同，有“人类工程学”“人体工程学”“工效学”“机器设备利用学”和“人机工程学”等。为便于学科发展，统一名称很有必要，现在大部分人称其为“人机工程学”，简称“人机学”。“人机工程学”的确切定义是，把人—机—环境系统作为研究的基本对象，运用生理学、心理学和其它有关学科知识，根据人和机器的条件和特点，合理分配人和机器承担的操作职能，并使之相互适应，从而为人创造出舒适和安全的工作环境，使工效达到最优的一门综合性学科。

人机工程学的显著特点是在认真研究人、机、环境三个要素本身特性的基础上，不单纯着眼于个别要素的优良与否，而是将使用者和所设计的产品以及人与产品所共处的环境作为一个系统来研究。这个系统中，人、机、环境三个要素之间相互作用、相互依存的关系决定着系统总体的性能。作为一个全息系统的局部，一个产品中包括了商品社会中的全部信息。一件设计优良的产品，必然是人、环境、技术、文化等因素巧妙融合、平衡的产物。开始一项产品设计的动机可能来自各个方面，有的是为了改进功能，有的是为了降低成本，有的是为了改变外观，以吸引购买者，更多的情况是上述几方面兼而有之。于是，对设计师的要求就可能来自功能、技术、成本、使用者的爱好等各种角度。不同的产品设计的重点也大不相同。除了一般的大众消费品之外，专为特殊族群所设计的产品在人机工程学上也有更多的考虑。如，残疾人用的瓷器套具，此套设计是专为残疾人做的餐具，又不让人直接看出它们是专为残疾人做的。

人机工程学因素往往是企业提高其竞争力的手法之一。若说“人性化产品”是与“人”合为一体的产品设计，“人机工程因素”则是设计工业产品时的人机界面所必须考虑的因素。在我国即将加入 WTO 所面临的冲击下，中国的制造业无不是严阵以待，企图在竞争中保持优势。管理大师马克•波特曾说过，企业具备竞争优势的两个方式，一是扩大生产规模，走向规模经济，才能占有成本上的优势；另一个便是创造企业或产品的附加值，制造消费者趋之若鹜的心理。在现今产品和质量逐步提高，且消费者对商品品质要求越来越高的情况下，各产品制造商们无不力求突破，希望能出奇制胜，打动消费者的心。拿当今世界上提出的“健康”人机工程学的新要求为例，即是用某些考虑人机因素的辅助性产品，如，电动腰靠、紫外线阻隔等来提高产品人性化的层次，借此创造其它品牌无法模仿的优势，而赢得消费者青睐的。

三、工业产品的人性化设计要以美学为基础

工业产品的审美功能要求产品的形象有优美的形态，给人以美的享受。设计者根据形式法则、时代特征、民族风格，通过点、线、面、空间、色彩、肌理等一系列的要素，构成形象，产生审美价值。人们的审美观在诸多因素的影响下，总是在不断地变化，所以，工业产品造型设计需不断积累经验，以美学为基础，灵活地将美学法则运用于人性化设计，创造出有特色的产品形象。

美学是研究人与世界审美关系的一门学科，即美学研究的对象是审美活动。审美活动是人的一种以意象世界为对象的人生体验活动，是人类的一种精神文化活动。美学属哲学二级学科，该专业从属于哲学。要学好美学需要扎实的哲学功底与艺术涵养，它既是一门思辨的学科，又是一门感性的学科。美学与文艺学、心理学、语言学、人类学、神话学等有着紧密联系。美是什么，这是美学这门学科所研究的基本问题。每位哲学家对这个问题都有着自己的看法。这也并非是一个简单的问题，通过它可以辐射世界的本源性问题的讨论。从古到今，从西方到东方，对“美”的解释是复杂的。如古希腊的柏拉图说：美是理念；中世纪的圣奥古斯丁说：美是上帝无上的荣耀与光辉；俄国的车尔尼雪夫斯基说：美是生活；中国古代的道家认为：天地有大美而不言；而一本《美学原理》则告诉我们美在审美关系当中才能存在，它既离

不开审美主体，又依赖于审美客体。美是精神领域抽象物的再现，美感的世界纯粹是意象世界。

随着时代的前进，科学技术的发展，人们审美观念的提高与变化，机械产品的造型设计和其它工业产品一样，不断地向高水平发展变化。影响产品造型设计的因素很多，但是，现代产品的造型设计，主要强调满足人和社会的需要，使美观大方、精巧宜人的产品，满足人们生活生产活动，并提高整个社会物质文明和精神文明水平。这是现代工业产品造型设计的主要依据和出发点。人们处在不同的时代，有着不同的精神向往，当机械产品的造型形象具有时代精神意义，符合时代特征，这些具有特殊感染力的“形”“色”“质”就会表现出产品体现时代科学水平与当代审美观念的时代特征，这就是产品的时代性。造型是营造主题的一个重要方面，主要通过产品的尺度、形状、比例及层次关系对心理体验的影响，让用户产生拥有感、成就感、亲切感，同时还应营造必要的环境氛围使人产生夸张、含蓄、趣味、愉悦、轻松、神秘等不同的情绪。通过产品造型形态可以体现一定的指示性特征，暗示人们该产品的使用方式、操作方式。

通过产品形态特征还能表现出产品的象征性，主要体现在产品本身的档次、性质和趣味性等方面。通过形态语言体现出产品的技术特征、产品功能和内在品质，包括零件之间的过渡、表面肌理、色彩搭配等方面的关系处理，体现产品的优异品质、精湛工艺。通过形态语言能把握好产品的档次象征，体现某一产品的等级和与众不同，往往通过产品标志、常用的局部典型造型或色彩手法、材料甚至价格等来体现。通过产品形态语言也能体现产品的安全象征，在电器类、机械类及手工工具类产品设计中具有重要意义，体现在使用者的生理和心理两个方面，著名品牌的浑然饱满、整体形态、工艺精细、色泽沉稳都会给人以心理上的安全感，合理的尺寸、避免无意触动的按钮开关设计等会给人生理上的安全感。

系统设计的一般方法，通常是在明确系统总体要求的前提下，着重分析和研究人、机、环境三个要素对系统总体性能的影响，比如系统中人和机的职能如何分工、如何配合、环境如何适应人、机对环境又有何影响等问题，经过不断修正和完善三要素的结构方式，最终确保系统最优组合方案的实现。人机工程学为工业设计开拓了新的思路，并提供了独特的设计方法和有关理论依据。

第二章　工业产品艺术设计的基础

第一节　工业产品设计的形态美

如果说产品是功能的载体，形态则是产品与功能的中介。没有形态的中介作用，产品的功能就无法实现。形态可以传达产品潜在的功能与价值，描述产品，诠释设计。通过分析产品形态及其设计美学概念，挖掘与探索产品形态的美学价值与意义。

产品形态本身是一个具有旨意、表现与传达等语言功能的综合系统，是设计师设计思想的具体体现，也是产品所具有的实用功能和审美价值的具体体现。产品成功的关键不在技术方面，而在于产品和使用者的内心和情感非常一致。设计师运用设计美学原则与方法进行产品的形态设计，并在产品中注入自己对形态的理解，使用者则通过形态来选择产品，继而获得产品的使用价值，所以产品形态是设计师、使用者和产品三者建立关系的媒介之一。

一、产品形态的概念

“形态学”一词起源于生物学。德国诗人兼博物学家歌德用“形态学”一词界定有关生物体外部形状与内部结构关系的研究。在工业设计领域，随着对产品设计理论研究与实践的发展，产品形态细分为：“产品之形”与“产品之态”。同时，产品细节形态设计是在产品整体形态确定之后的产品详细设计。产品细节形态特征在相当大程度上影响着产品的整体视觉感受。优良的细节形态设计不仅使产品整体造型更加完美，提升产品整体的视觉感受，而且也成为避免产品同质化、提升产品竞争力和附加值、提升品牌价值的重要途径。这里试图对产品细节形态设计的方法和原则进行探讨，以期望能归纳总结出具有设计指导意义的规律，便于产品设计师在产品设计创作中更好地通过细节设计提升产品的形态视觉感受，并因此提高产品设计的效率。

（一）产品之形

“产品之形”指产品的形状，它是由产品的边界线即轮廓所围合成的呈现形式，包括产品外轮廓和产品内轮廓。产品形态作为传递产品信息的第一要素，它能使产品内在的质、组织、结构、内涵等本质因素上升为外在表象因素，并通过视觉而使人产生一种生理和心理过程。与感觉、构成、结构、材质、色彩、空间、功能等密切相联系的“形”是产品的物质形体，产品造型指产品的外形，产品外轮廓主要是视觉可以把握的产品外部边界线，而产品内轮廓指产品内部结构的边界线。

“产品之形”是相对于空间而存在的，产品形之美是空间形态和造型艺术的结合。“形”是营造主题的一个重要方面，主要通过产品的尺度、形状、比例及层次关系对心理体验的影响，让用户产生拥有感、成就感、亲切感，同时还应营造必要的环境氛围使人产生夸张、含蓄、趣味、愉悦、轻松、神秘等不同的心理情绪。例如，对称或矩形能显示空间严谨，有利于营造庄严、宁静、典雅、明快的气氛；圆和椭圆形能显示包容，有利于营造完满、活泼的气氛；用自由曲线创造动态造型，有利于营造热烈、自由、亲切的气氛。特别是自由曲线对人更有吸引力，它的自由度强，更自然也更具生活气息，创造出的空间富有节奏、韵律和美感。产品形体对每个主体产生的心理影响有所不同，包括客观事物的审美角度和偏爱程度等。为了让使用主体拥有成就、亲切、夸张、含蓄、趣味、愉悦、轻松、神秘等不同的心理情绪，就必须将一定意义的图形恰当地运用到“产品之形”的设计中去，只有这样才能完成产品形体对人的服务性意义。

（二）产品之态

“产品之态”是依附于“产品之形”而存在的，是指产品可感觉的外观情状、神态。“态”则指产品可感觉的外观情状和神态，也可理解为产品外观的表情因素。产品形态是信息的载体，设计师通常利用特有的造型语言进行产品的形态设计。利用产品的特有形态向外界传达出设计师的思想和理念。消费者在选购产品时也是通过产品形态所表达出的某种信息内容来判断和衡

量与其内心所希望的是否一致，并最终做出购买的决定。

“产品之态”包含两种意义：一是用于产品设计中的材质、色彩等元素，对“产品之态”的指定，使产品的功能得到充分发挥。二是产品自身形体给人的客观状态。不同产品的“态感”，给人的感觉是不同的。比如石头的古朴与神秘，木材的自然与温馨，金属的力量与精确，玻璃的整齐与光洁。虽然“态”的元素运用在产品设计中起辅助的作用，但对完善产品的设计之美有很大影响，良好的“态感”会使产品附带的各种美学因素得到充分体现，在提高审美价值的同时，也能创造经济附加值。

（三）产品形与态的辩证关系

在现代的设计中有些产品过于注重功能，忽略了产品形态的设计。产品的外表看起来平庸、俗套，缺乏使人产生共鸣和购买欲的设计；有些产品过于工业化、过于强调极简设计以及抽象、单一的几何形态，忽略了人作为自然界的一员，同样需要亲近自然的心理，使人陷入工业化所带来的漠然的情绪当中。

设计意味着创新，这决定了必须用发展的观点来看待设计及其形态，不然所设计的产品就会丧失生命力。消费者在选购产品时，往往也通过产品形态所表达出的某种信息来判断和衡量是否与其内心所希望的一致，从而最终做出购买的决策。不同的时代都有自己的设计语言，时代在发展决定着设计师应不断地培植新型形态观，成为引领消费的先行者。产品的形与态是辩证统一的，形与态相互联系与作用，相辅相成，不可分割。一般地，对于产品设计而言，产品功能决定形的设计和态元素的运用，形是态的表现载体，态是产品形体设计完成的结果，态的各种元素的运用影响形服务于人的效果。形与态在一定条件下可以互相转化。二者统一于产品形态之中，共同服务于产品功能，创造更合理的使用方式。

二、产品形态的设计美学

产品视觉元素的复杂度影响着产品的视觉美感，加拿大心理学者丹尼尔·保尔尼给出了视觉吸引力与形态复杂度之间的关系见图 2-1。

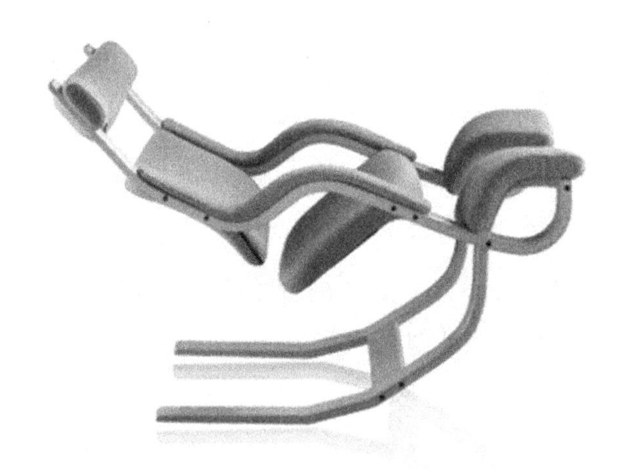

图 2-1

当形态复杂度过低或过高时，偏好程度均较低甚至产生厌烦的情况，因此在产品设计时需合理把握视觉元素的复杂度，使其尽量向更高的偏好程度对应的复杂度靠近。产品形态细节元素作为整体的视觉元素的构成元素之一，其不同表现形式产生不同的视觉存在感，对整体产品的视觉复杂度起到补充或削减的作用，从而对产品的视觉美感产生相应的影响。通常采用较低的视觉元素复杂度来保证整体造型感觉的统一，同时加入一定的细节表现避免整体形态的单调和乏味。即整体视觉元素要统一和谐，具有一定的视觉元素中心，同时加入细节对比来增加产品的人情味和补充主体造型的视觉感受。

产品设计不同于机械设计，因为仅仅考虑产品本身结构和功能的要求是不够的，还要考虑与其息息相关的设计美学要素，诸如体量、色彩、结构、材质、人机关系等。产品设计要满足的不单是物质功能，还有潜在的精神功能，力求产品与使用主体进行深入交流和沟通，达到生理满足与心理满足的完全统一。

（一）设计美学概念

设计美学是指从人对现实的审美关系出发，以艺术设计领域中的内容作为主要对象，研究设计的美与丑等审美范畴和人的审美意识，美感经验以及

设计美的创造、发展及其规律的科学。其中“设计的美与丑”并不是字本身的含义，而是指因设计而引起的人与物关系和谐与否，功能与形式和谐与否，设计的主观性与客观约束性统一与否；以及在这个多种、庞杂、交融的世界大系中，因设计而引起的诸多要素统一协调与否，共生与否，和谐与否等。

设计美学大致可分为以下几个方面：

（1）设计产品的美学：包括设计美的性质、构成，设计美的类型、风格，设计的文化意蕴，设计的形式美，设计的创造性，设计美的境界等。

（2）设计过程的美学：包括设计师在产品开发、生产中的地位，设计师的修养、审美理想、艺术个性、设计思维、设计天才，设计与社会审美趣味，设计与科学技术，设计与市场信息，设计与生产制作，设计与形式法则等。

（3）产品消费的美学：包括产品消费的个人心理，产品消费的文化背景，产品消费的时代风尚，产品消费的民族心理，产品消费的信息反馈等。（如图 2-2）

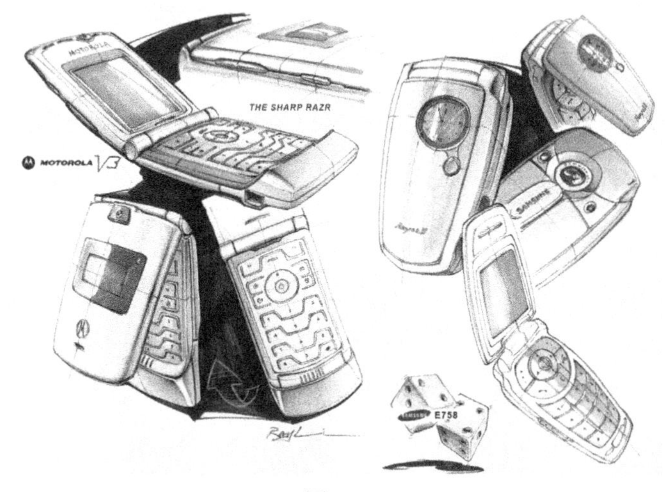

图 2-2

（二）产品形态的设计美学

依据设计美学的概念可得出，产品形态的设计美学是指从人对产品形态的审美关系出发，以产品形态各要素以及之间关系作为主要对象，研究产品形态美与丑等审美范畴和人的审美意识，美感经验以及产品形态美的创造、发展及其规律的科学。产品形态设计美学的研究对象包括构成产品形与态的各个美学要素及其之间的相互关系，同时，更为重要的是产品形态美赋予人的重要意义，具体如下：

（1）产品形态美学要素包括：产品的体量、色彩、结构、材质、人机关系等，以及各个要素与产品形态之间的关系。

（2）产品形态美学的构成法则：变化与统一、对称与平衡、比例与尺度、对比与协调、节奏与韵律等。

（3）产品形态美学类型：结构美、色彩美、工艺美、质地美等。

（4）产品形态的美学价值：经济价值、社会价值、审美价值以及与环境的协调共生等。

（三）设计美学的特点

在工业产品的全生命周期中，严格控制产品的物质环境系统和能源系统，适应低碳产品时代发展的需要，最大限度地减少对生存环境的消极影响。伴随着现代低碳经济的时代环境发展要求，工业产品的形态设计也跟随着做出相应的适应形态设计改变。产品形态设计的优化创新吸引着生产消费的整个链条和每个环节，应对环境变化的适应性难题。低碳产品认证是工业产品设计生产中的一种环保标志，通过向德国、日本、英国、韩国等十几个国家的工业产品设计授予这样的低碳标志，促进低碳产品的采购和消费模式生成，并以使用群体为导向将继续推进社会的发展进程。人类社会经过农业文明、工业文明之后，又在经济模式上进行的低污染、低能耗、低排放的量化处理。设计者以使用群体的消费方式和选择方向确定如何在产品设计中引导和鼓励企业开发低碳产品技术，朝着低碳生产的良性模式转变。

1．应用性

工业设计连接了物质文明和精神文明，使人们在生活、工作用品的使用中感受文化，接受文化并传播文化。国内产品设计在贯彻国际化、中国情、民族魂时，既要采用当代先进技术，又要反映中国民族特色。中国工业产品形态设计从人机工程学的应用研究中必须要求按照“中国人体”的角度讲个

性特色，根据多民族和文化内容的特色，创新设计就需着重体现产品的民族性和文化习惯。

西方美学与艺术理论从古希腊起一直到19世纪，始终是以哲学为主导，围绕抽象的哲学理论而展开的。但哲学家本身并非艺术家，自己没有艺术创作经验，它们的理论很难指导艺术创作与欣赏。19世纪后美学发展逐渐成熟，针对各类的艺术与创作，逐渐发展出各领域的美学。

同样，在现代工业文明发生伊始，美学也开始关注现实应用中的问题，设计美学也就应运而生。因此，强烈的现实应用性是设计美学的首要特征。

2．审美性

设计活动是一种基于现实应用基础上的艺术创造活动，因此与功能性相联系的是审美性特征。20世纪发展起来的产品设计风格，波普风格、现代主义风格、后现代主义风格、高科技风格进一步发展到后消费时代的21世纪，逐渐地向多元化工业产品形态设计风格发展转变，个性化、和谐化设计风格占主流。随着新结构材料和工艺手法的开发与应用，产品形态也跟随适应着不断变化发展。

设计的艺术性和审美性首先体现为设计是一种美的“造型艺术”或“视觉艺术”。所以，设计美学所研究的艺术性内容，往往与视觉美学、造型艺术所研究的内容相似。从具体应用角度看，设计是把某种计划、规划、设想和解决问题的方法，通过视觉语言传达出来的过程。所以，这种视觉语言只有具备了艺术化的特征，才会体现出设计作为美的形式的特点。因此，除了符合功能性的要求之外，审美性是现代设计必须重视的问题。

3．技术性

设计是建立在技术基础之上的应用学科，现代工业技术的革命引起了设计理论和应用的产生。技术因素不但是设计美学的基本因素以及设计的基础和依托，而且也决定了设计审美风格的形成。工业文明的发展，使机器化大生产代替了传统的手工艺生产，工艺美学也被现代设计美学取代。工业时代的大批量、标准化生产方式，使功能主义成为基本的审美法则，简洁、抽象、科学化的设计审美原则曾风靡一时。可见，现代主义设计审美风格的形成，主要是现代技术影响的结果。

4．创新性

艺术创新和创造不但是审美的要求，更是现代设计的基本要求，设计就是创新。如果缺少发明，设计将失去价值；如果缺少创造，产品将失去生命。因为人们的审美心理蕴含着求新、求异、求美的特征，所以就决定了设计必须做到求新、求异、求变。所谓设计的创新，包含着不同的层次，它可以是在原有基础上的改良，也可以是完全的创新。因此，设计的核心是一种创造行为，设计美学研究就是一种创造性地解决问题的方法（如图 2-3）。

此外，不断地提高能源利用效率、开发清洁能源、追求绿色国民生产总值都是低碳经济实质的表现，在这样的经济环境中，根本性质的转变也发生在能源技术和减排技术、产业结构和人类生存发展观念的核心问题上。设计行为最初对产品设计目的就是使用功能的设计，设计产品的形态是一个课题的承载者。

图 2-3

三、工业产品形态设计现状

随着人类文明的进步、科学技术的创新和物质文化的发展，工业产品形态设计也逐渐完善起来。它是一门崭新的顺应社会经济、科学技术和现代工业发展的环境条件下而衍生出来的，工业产品设计包含其中，在其材料、结构、功能、工艺及色彩、形态、表面装饰和处理等要素间进行技术与艺术的综合处理。生产出的现代工业产品既要在社会发展的物质需求基础上做到符合，又要在使用群体的精神需要上给予满足，在综合性的设计体系中由单纯的产品功能设计逐步向工程技术与美学艺术的结合形态设计方向发展。

自工业革命以来，由于人类活动，特别是开采、燃烧煤炭等化石能源，大气中的二氧化碳气体含量急剧增加，导致以气候变暖为主要特征的全球气候变化。据气象专家介绍，大气中的水蒸气、臭氧、二氧化碳等气体可透过太阳短波辐射，使地球表面升温，同时阻挡地球表面向宇宙空间发射长波辐射，从而使大气增温。由于二氧化碳等气体的这一作用与“温室”的作用类似，所以被称为温室气体。

产品化设计、商品化设计与生态化设计是工业设计发展的过渡形态表现，它们分别在不同的社会文化背景和经济体制中适应生存，并在其设计中将我国工业设计发展的特征折射出来。从产品化工业产品设计向商品化工业产品设计过渡阶段，始终坚持以发展生态设计为最终设计发展目标。就拿节能减排产业中最强有力的电动车行业来说，设计生产在不断地发展，采用新能源助推着低碳经济的发展，不仅解决的是消费者交通工具的便宜性，中国发展中的低碳经济模式也在其引领下逐渐完善。

在我国不断推进新能源交通产业中，电动车的能源来源已经紧紧地和清洁能源的低碳经济联系在了一起。低碳经济，是以低能耗、低污染、低排放为基础的经济模式，是人类社会继农业文明、工业文明之后的又一次重大进步。“低碳经济”的理想形态是充分发展“阳光经济”“风能经济”“氢能经济”“核能经济”“生物质能经济”。它的实质是提高能源利用效率和清洁能源结构、追求绿色GDP的问题，核心是能源技术创新、制度创新和人类生存发展观念的根本性转变。

工业产品物质实体的功能借助工业产品的外部形态、体积色彩、质地线条等要素的设计来体现。设计师的艺术追求和审美观念贯穿于产品形态表现中，时代文化水平也在设计形态中崭露头角。中国科学院院士何祚庥教授曾发出了《电动车行业低碳宣言》，倡议将工业产品绿色产业的打造和中国低碳化设计的建设归结到从实际行动联合起来的电动车行业上，电动车行业是发展低碳经济的领跑者。油、电混合能源动力车的设计中，在使用中两种动力能源相互搭配工作，从转移石油能源的利用到低碳排放的节能能源。还有在低碳经济环境下，具有重要低碳节能意义的LED灯饰产业中，工业产品发展迅猛，产业链条趋于完善。LED节能照明产业在创新产品的全生命周期及二次研发的各个环节呼应零碳排放、节约材料资源、能源浪费等问题。政府也加大自主研发和创新设计力度，加大LED产品的推广应用，促进LED产业的快速发展。

第二节　工业产品设计的色彩美

产品外观设计离不开色彩的表达，色彩影响人们的感觉、情绪、品位和选择，它产生美感的同时也产生功能效应。对于产品线长的企业而言，在扩大产能和提升竞争力的同时，其主要产品特征也容易变得杂乱，从而降低企业产品整体形象传达的力度及效果；而运用统一、简单的产品色彩，有助于塑造统一的产品形象，进而塑造品牌形象。色彩在工业产品的设计中有着重要的作用，工业产品失去了色彩，就降低了消费者的购买欲望，消费者的购买欲望降低，工业产品就失去了其应有的竞争力，影响了企业的经济效益。成功的色彩设计对工业产品来说，是在没有进行任何成本提升的情况下，便可以有效提升其销售量，产生直接的经济效益。因此，色彩设计的成功与否，将直接关系到消费者的购买欲望，也对企业的经济效益提升有着重要影响。

一、色彩在工业设计中的意义

（一）色彩在工业设计中的感染力

一件产品设计，有无色彩和色彩运用得好坏，其视觉的感染力有明显的差异，这一点在某些所谓的“色彩商品”中表现得尤为明显，往往成为商品“价值”的主要依据。色彩搭配完美的作品，能强烈吸引受众的注意力，提升艺术魅力。色彩作为一门独特的艺术，能够对产品的魅力进行提升。成功的色彩设计，将直接影响产品的销售情况。根据相关数据表明，一个人从外界获得的信息 87% 是由视觉器官输入大脑的，这 87% 的视觉输入信息中有 80% 都是色彩信息。因此，消费群体在进行消费的时候，产品的外形对消费者的吸引程度固然重要，但是更多的还是色彩信息对消费者的第一印象进行影响。在相关工艺技术手段基本固定、消费市场基本饱和、在不降低企业实际经济效益的前提下，对产品的外形与色彩进行设计，才是提升产品竞争力的根本途径。

（二）色彩在工业设计中的目标定义

色彩可以传达设计意念，表达确切的含义，使复杂而抽象的东西，经过色彩处理后变得简单而易于理解。在现代设计中，色彩已成为传达意念的一种工具。在现代商品包装设计中，常用红黄色调表示熟食品，用蓝绿色调表示冷冻食品，用红色调表示保健药品，用蓝色调表示镇静药品等已成为设计必须遵循的规范。值得一提的是，设计中色彩美的核心问题则是色彩间的对比关系，色彩的魅力只有通过对比才能完全地表现出来。在设计过程中，色彩之间的相互关联必须在一个统一的整体中相互匹配，才能形成和谐的色彩系统。

（三）色彩具有刺激和影响情绪的作用

色彩通过视觉冲击，影响人们的感官，直接左右人们的感情与行动。以红色为例，由于红色具有强烈的影响人们感情与情绪的作用，有助于市场推销，所以一直被美誉为“最畅销的颜色”。红色是生命的颜色，是活力、兴奋、激动的颜色，是健康的颜色。在自然界中，不少芳香艳丽的鲜花、丰硕甜美的果实、新鲜美味的肉食品，都呈现出动人的红色。因此人们习惯以红色为兴奋与欢乐的象征，使之在标志、旗帜、宣传等用色中占了首位，成为最有力的宣传色。当然，红色同样又被看成危险、灾难、爆炸、恐怖的象征色，因此人们也习惯地引做预警或报警的信号色。红色所具有的攻击性是天生就有的、自然的东西，具有生命力、欲望和性的吸引力，如果把这种攻击性转向积极的因素，能很好调动人们的感情与情绪。在中国以红色设计而畅销的商品不计其数，白酒包装如金六福、剑南春等，香烟设计如双喜、大鸡等。

二、色彩象征在工业产品设计中的功能体现

（一）色彩象征功能与产品设计

不同的色彩会传达给人们不同的心理暗示，暖色会给人一种温和饱满的感觉，冷色则会给人传递一种凝滞沉重的感觉。红色给人积极奋发的感觉，粉色给人以可爱浪漫的感觉，每种色彩都会给人以不同的感受，这就是色彩的象征功能。

在产品的设计过程中，根据产品的实际使用途径，应用不同的色彩进行包装。在对产品的功能进行提示的过程中，就拿一般运行指示灯的颜色来说，红色表示预警，绿色表示正常工作，这都是长久以来人们形成的习惯。产品功能通过醒目的颜色进行提醒，可以有效地帮助人们对产品的功能进行了解。例如计算机在关闭过程中，会弹出一个三色对话框，橙色显示的是“切换用户”，红色显示的是“关机”，绿色显示的是“重新启动”，这样可以直观地帮助用户了解每个按键的功能，这就是长久以来人们形成的色彩象征意识。

在进行产品的色彩设计时，尽量使色彩的功能作用与产品的功能特征相吻合，以便更好地发挥产品的功能效果。现在，绝大多数国家的消防车仍然采用红色。对于轻型产品设备，一般采用浅淡而又沉静的颜色，以表现产品的精密、精巧的功能特征。例如，医疗卫生设备大多采用白色或其它浅色，这样让人容易发现设备上的脏污并及时清理，以满足卫生医疗设备清洁卫生

的功能特点。家用电风扇、冰箱一类的空气调节和制冷器具等产品，一般采用淡雅、鲜嫩的冷色，使色彩给人以凉爽感和新鲜感。家用取暖器具和吸尘器等，可采用活泼、温暖的颜色，与其取暖功能和动态作业形式相符合。产品的色彩更多的还是需要根据消费者的实际年龄层次进行设计，也需要对消费地区的人文、历史等因素进行考察，才能确保产品的色彩符合绝大多数消费人群的喜爱。

（二）色彩象征在工业产品设计中的总体构想

产品的色彩在设计时需要进行整体的构思，在产品的外形、结构等设计都完成的时候，色彩的合理选择与使用就成为产品最为关键的一步。

目前，主要的色彩所代表的象征意义在国际上已经有了较为规范的体系。但实际上根据民族、国家、地区的不同还存在较大的差异性。例如，在中国红色代表了革命与喜庆，传达给国人的是积极向上的精神，因此，在国旗、党旗、节日装饰上，一般都选用红色作为主色调；然而在美国，红色是葡萄酒的颜色，在圣餐或者祭典中代表耶稣的鲜血，美国人更愿意选择白色来进行节日的庆祝，白色在它们的日常中象征着纯洁与美好，但白色在中国传统中则代表着祭奠与不祥。

此外，利用色彩满足人与产品相适应的要求，就是使产品的色彩与人的生理心理得到协调和平衡。这是一件很复杂的事情，但是也是达到造型效果的重要手段。对于一些为特定人群而设计的产品，色彩的处理是比较容易的。然而，在我们的商品市场中，由于批量生产方式、产品结构形式、成形工艺方法、成本以及标准化等因素的限制，不可能制造各种规格大小的产品满足各种人的需求。色彩设计满足人与产品相适应的要求，不只是满足不同人的喜好，同时还应该使人与产品的功利效应得到充分的发挥。因此我们可以很好的发现，不同民族都有着自己色彩独特的象征意义，但是究其根本其实也具有相当大的相似性。色彩在生理方面的体现是极具共通性的，红、橙、黄为主的暖色，在大部分地区都会传递给人们一种温暖的感觉，蓝、青、灰为主的冷色，在大部分地区都会传递给人们一种清冷的感觉。色彩的透明程度也会对人的主观生理产生影响，透明度高的色彩会给人一种轻盈的感觉，透明度低的色彩会给人一种凝重的感觉。色彩作为一门独特的艺术，是值得人们深入研究的。

只有充分了解色彩的象征意义，才能保证产品的色彩设计能够对产品的销售有着积极的促进作用。产品的设计人员在对产品进行色彩设计的时候，不仅仅需要考虑到实际的运用，还应该更多地了解某些色彩对于此地区人群的象征意义，才能保证产品在此地区能够被更多人所接受与认可，提升产品的销售量。同时，产品色彩设计，应该考虑产品的使用环境，例如在室外使用的产品，一般采用纯度和明度高的颜色；工程机械、建筑机械和林业机械等一般采用橘红、橘黄、浅蓝、乳白等主色调；家庭中使用的产品，可采用浅淡、明快、柔和的色调。

（三）工业产品设计的色彩体现

1. 色调确定

确定基本的色调是工业产品色彩设计的关键步骤。色彩间的搭配是一门学问，只有充分掌握不同色彩搭配所产生的效果，才能更好地确定主色调与属色的搭配，提升产品的艺术魅力，吸引消费者进行了解，进而购买产品。

例如电视机的色彩设计中，如果把电视机的外壳设计成五颜六色的样子，在电视机没有进行工作的时候可以很好地吸引消费者，但是如果电视机进行运作，五颜六色的电视机外壳一定会对用户观看电视节目产生影响，分散用户的注意力，发生审美疲劳的情况。因此，电视机的外壳一般都会采用一种较为深沉的颜色，例如黑色与银灰色，这样就不会影响用户实际使用的效果。

2. 重点部分的色彩处理

色彩设计是工业产品设计的重要元素之一。在产品设计中，色彩也最易对视觉形成强烈的冲击力，在无声中为商品促销推波助澜。例如超市陈列的商品，其色彩要鲜明突出，从而实现最有效、最快捷的传递商品的信息，因此全面了解并恰当地运用色彩，能全面提升产品设计的商业需求力。在工业产品同质化日益严重的今天，如何以人为本，满足消费者内在需求成为各个

厂家关注的问题，毫无疑问，设计将成为竞争的最为关键的要素，色彩将成为新的经济亮点和促销方式。需要指出的是色彩概念需要科学的、坚实的色彩设计作为基础，而色彩设计的基础是色彩的调查、研究和预测。我相信，将会有更多的企业重视和应用色彩这个经济竞争力。

重点部分的色彩处理，是产品色彩设计最重要的环节。这部分的色彩设计如果能够起到画龙点睛的作用，将会极大地提升产品的艺术魅力。做好重点部分的色彩设计，会对产品的销售起到意想不到的作用。

第三节　工业产品设计的材质美

随着社会的发展，人们希望产品应满足物质和精神需要，即在功能的实用性基础上能寻求产品的美感和情感的共鸣。因此，必须对产品的造型、色彩、材质等因素进行研究。回顾设计的发展历程，就能发现人们从未停止对产品各因素的认识和思考。以材质来说，工业革命试图证明工业生产能代替手工艺，但是人们对材质的粗糙、繁杂装饰感到不满，因而引发了设计思潮。材质美来源于材质的光学效应，材质的视觉设计其实就是光的设计，每一种材质的光学效应是不同的，材料的不同，带给人视觉和触觉上的感受不同。

一、材质的内涵

材质是指材料的质地，可以从材料的质感方面来认识。材料质感是物体表面由于内因和外因而形成的结构特征，通过触觉和视觉所产生的综合印象，所体现的是物体构成材料和构成形式而产生的表面特征。质感有两个基本属性：一是生理属性，即物体表面作用于人的触觉和视觉感觉系统的刺激性信息；二是物理属性，即物体表面传达给人知觉系统的意义信息，如肌理、色彩、光泽、质地等。因此要认识材质，必须从材料质感的生理属性和物理属性方面来把握，分析产品表面是否给人的触觉、视觉以及知觉系统都留下良好的印象。

材料在人类社会发展的历史长河中，扮演着十分重要的作用。材料的历史由石器时代、陶器时代、铜器时代、铁器时代演变至今，它伴随着人类历史发展的同时，也在不断突破、不断变化，从而更好地为人类社会服务。从原始人对石器的加工与使用到现代不同新材质的大量应用，材料已成为人类生存和发展，改变生活方式不可或缺的组成部分。现代产品设计中的材质的多变性使产品更富有美感，加工方式多样化使产品外观造型随着材料加工的多样化而改变，这种改变使产品造型更贴合人的使用需求。

在产品设计中，要充分凸显产品材质美这一特征，材质美呈现在人的视觉、听觉、触觉、嗅觉等感知中，而其中以视觉感知最为重要。产品设计的根本职责是要设计出适合人们使用的美观的产品，能满足人们物质和精神上的双重需求，换言之，产品在为现代人的生活带来便利的同时，还必须给予视觉上的美感和触觉上的舒适感。一件产品之所以能给予使用者视觉上的美感和触觉上的舒适感，很大程度上是基于其材质方面的要素。产品的用材决定了其材质特征，如金属材料使产品具有阳刚之美，木质材料使产品具有古朴之美，陶瓷材料使产品具有典雅之美等。在产品设计中，材质美影响产品的艺术风格及使用者对产品的感受，好的产品离不开美的材质，材质美能增强产品的设计表现。

二、材质在产品设计中的重要性

材料是给予受众知觉体验最直观的设计元素之一，它作为产品中可感知的部分，在充分发挥性能的基础上赋予了产品生命，使设计日臻完美。在构成产品设计造型的三大感觉要素中，色彩和质感与材料有着直接的联系，产品形态间接受到材料特性和成型工艺影响。设计中材料恰到好处的运用，不但能较好地传达设计理念，更能突显材质美在产品中的魅力。材料在体现产品设计风格和人文价值方面起着举足轻重的作用，材料的发展赋予了产品更加完善的功能，更颠覆了人们对传统材料产品形态的概念，为设计师提供更丰富的灵感来源，可以说产品形态演化史就是产品材料的变迁史。

（一）美的材质提高产品的适用性

适用性是产品满足使用者需求程度的评判标准。从人机工程学的角度而言，材质美的产品更适合人们使用。如在照相机的机身上粘贴软质人造皮革材料，既增强产品材质的多样性，又使产品易于接触，提高其功能性和适用性。

从情感化设计的角度而言，产品的表面质感特征直接影响使用者的心理感受，材质美的产品更符合使用者的意愿，能带给使用者美的享受，留下美好的使用体验。美来自了解，用最简单的方法解决最复杂的问题。这就是说材质的使用要精到。如以前车体是由锻打工人手工打造，通过钣金来支撑车壳。而随着自动控制的运用，车壳完全由自身的结构支撑起来，从而对车身的设计提供了至少两种以上的选择。车身的设计受流体力学的影响，后来由于新材料工艺的形成，对其也产生了影响。

从人性化设计的角度而言，材质美的产品更体现人性的关怀。如部分椅子的扶手采用软质泡沫材料，既呈现产品材质的多样性，又使产品易于接触，提高其功能性和适用性；又如音响、收音机、仪表等产品上的旋钮等操作件，表面压制凹凸细纹，既增强产品的触觉质感，又使产品更易于使用；再如电热水壶的手柄、汽车方向盘等采用凹凸纹理，既增强产品材质的凹凸美感，又使产品方便使用。

（二）美的材质增强产品的功能

美的材质能提高产品的审美，使产品既能实现其用途，又能作为一件艺术品装扮环境。材质美能弥补产品形态和色彩的缺陷，使产品更适应市场的变化，更适合使用者的需求，更适合时代的发展。在市场激烈竞争的情况下，要使产品具有竞争力，必须使产品具有实际功能的同时，还必须具有个性特征。

材质设计中效果与投入的时间不一定成正比。经过刻意加工过的材料，表面效果丰富了，但设计的价值不一定提高了。在很多情形下，强加的颜色和纹理反而显得矫揉造作，得到相反的效果。一只出窑的瓷碗，因手工的操作产生了一些变形和色变。在一些人看来成了次品，但亦是上等的佳作，有耐人寻味的特色，因为它真实地记载了工艺的自然流程，表达了材质的本性。

产品通过其造型语义符号及表面质感体现使用者社会地位、身份、财富等方面的特征。设计讲究、工艺精良的产品给人精致、耐用、美观的印象，更能显示主人的品位及社会财富。如世界级名表的设计，采用钻石和铂金两种材质相结合，尽显奢华、尊贵、完美、高雅，体现出了产品的象征意义。又如首饰产品的设计，主体材料采用金、银等贵重金属，通过材质展现产品精致、典雅的特性。

三、产品设计中材质应用的原则

产品设计实践中要科学合理地选用材料及工艺，凸显各种材料的材质特性。

（一）协调性原则

协调性原则是指产品的材质之间应和谐一致，材质应与产品的风格相吻合。一件产品往往由多种材料加工而成，产品各部分的材质之间要相互协调，使材质之间能相互融合，形成一致的表面质感，共同构成产品的表面特质。如一部手机，机体材料采用塑料，表面需进行电镀工艺的处理，来呈现金属的质感；按键及装饰部分采用金属材料，从而手机的整体质感呈现金属特征，展现出高贵、精致的表面质感效果。协调是产品质感设计之中首要考虑的原则，具有统揽全局的作用。

（二）功能性原则

功能性原则就是选择材质时，首先根据产品的使用范围、功能要求去选择材料以及材料的搭配。考虑产品的功能性来选择材料是材料选择的第一步。许多产品的把手采用与主体不一样的材质和颜色的塑料或橡胶，如电工用的钳子，把手部位采用橡胶材质，不仅带来柔软舒适的手感，而且可以增大摩擦，方便使用和操作，还有绝缘的功效，是功能性搭配原则的典型代表。

（三）可行性原则

材料有提升设计价值、加强设计创意、吸引用户关注的能力，探索和发

掘材料的应用潜能是不断进化发展的过程。设计师应该在保持材料功能的同时又具有材料创新的能力，使用不同的实践处理手法进行材料的设计实践，许多令人兴奋而惊喜的创意就随之产生了。由于各种质材有其自身的个性，在质感设计中应充分考虑到质材的功能和价值，质感应与设计相适合。在质感设计中，要灵活地应用以上形式美法则，既要充分发挥材料的特性，又要充分运用多种工艺形成的同材异质、异材同质的人为质感。在设计中，要使产品具有美的艺术效果，不在于贵重材料的堆积，而在于材料的合理搭配与质感的恰当运用，要利用“画龙点睛”的手法，在产品的主材上，进行重点的装饰处理，这样才能充分而有效地发挥材质美的作用。

材料及工艺技术是确保设计概念得以实现的物质基础，是产品功能得以体现的关键。在产品设计实践中，可行性原则指产品的选材要在可及的范围之内，尽可能就近取材。材料的成型工艺应在当前技术的可控范围之内，具备充分的加工条件，确保产品成型的可行性。设计不能脱离现实，要在当前科技水平允许的条件下进行构思，遵照可行性原则进行质感设计。

（四）审美性原则

审美性搭配原则主要是指在选择材质时，考虑产品美感的表达，材质作为产品实体的外衣，更肩负产品的美化功能。轻盈的产品——轻盈感的体现可以选用具有一定光泽度且透明度比较高的材料，如塑料和玻璃。苹果计算机G3在材质上的使用就凸显了苹果计算机的时尚与轻盈。稳重的产品——对于材质来说，金属的亚光处理，木材致密的纹理与深暗条纹的质感都可以增强产品的稳重感。除此之外，塑料也能通过它的表面处理和色彩选择达到稳重的效果。在男性产品上，这种稳重感的体现尤为明显。亲切的产品——自然材料由于其天然的色泽和纹理，容易让人产生亲近感，如木材、皮革、藤编等材质，或者用塑料等材料通过表面的模仿达到自然材料具有的亲切感。绚丽的产品——可选用金属材料。不锈钢的光亮与精钢旋切拉丝的处理效果，金、银质地模仿或真实的光泽流露等用在特定产品上，绚丽的效果油然而生。优雅的产品——优雅感在材质上体现为材料表面光洁，如烤漆处理的面板、磨砂处理的镜面、流畅又有光泽的纤维、抛光的金属表面等都可以产生优雅的质感。

产品使用者需要的好设计不仅在于优美的造型，更重要的还有产品的整体效果与整体性能。材质是衡量设计整体形式语言的关键因素，只有充分了解材质和工艺才能更淋漓尽致地表现产品设计，使其材质表现得更完美。通过对产品设计的材料应用与分析，有利于理解材料“美”是在设计实践中不断尝试和不断发掘的。在产品设计中利用材料的特质，开发新产品以节省资源利用，是设计师不可推卸的责任。

第四节　工业产品设计的工艺美

最近几十年来，由于人民群众对物质产品的更高需求，由于企业界和工艺设计界的共同努力，工艺美术设计这门学科得到令人欣喜的发展，它使物质产品的实用功能和审美功能得到合理的展现，从而更大程度地满足了广大消费者的生产和生活需要。工艺美术设计虽然进入了日用品的生产体系，然而它的核心和主导力量却始终是以观赏为主的陈设品。多数工业产品设计仍然忽视艺术与科学的统一，当“巴塞罗那国际新发明博览会”只把入选证交给传统的丝绸和草编加工业的时候，我们发现我国现行的工艺美术设计体系还存在着严重的虚弱和不足。

一、概述

工艺是绘画、雕塑和书法等工艺美术的艺术之母。工艺的范围广泛，品种繁多，通常有两种分类方法。一种是将它分为日用工艺和陈设工艺两大类：前者指经过装饰加工的生活日用品，如花布、茶具、餐具、灯具、绣花织品、编织物、家具等；后者则专指供观赏用的陈列品，如象牙雕刻、绢花、麦秆贴、金银首饰、装饰壁等。另一种是从制作特点和艺术形态的角度，将工艺分为传统工艺、现代工艺、装潢美术、民间工艺四大类。工艺的制作，常因历史

时期、地理环境、经济条件、文化技术水平、民族习尚和审美观念的不同而显示出不同的时代风格、民族风格和地域特色。

工艺（technology craft）是指劳动者利用各类生产工具对各种原材料、半成品进行加工或处理，最终使之成为成品的方法与过程。制定工艺的原则是：技术上的先进和经济上的合理。由于不同工厂的设备生产能力、精度以及工人熟练程度等因素都大不相同，所以对于同一种产品而言，不同的工厂制定的工艺可能是不同的；甚至同一个工厂在不同的时期制作的工艺也可能不同。可见，就某一产品而言，工艺并不是唯一的，而且没有好坏之分。这种不确定性和不唯一性，和现代工业的其它元素有较大的不同。

工艺是实用艺术的一种，又归于广义的造型艺术。工艺是工艺美术的简称。通常指的是在外部形式上经过艺术的处理，带有明显审美因素的日常生活用品、装饰品这一类实用艺术。它以“工艺”和“美术”的存在为前提。工艺是指将材料或半成品经过艺术加工制作为成品的工作、方法、技艺等；美术指用一定的物质材料塑造可视的平面或立体形象，使人通过视觉来观赏的艺术；工艺美术则是指用美术造型设计与色彩装饰的方法和技巧来制作各种物品的艺术。工艺起源于人类开始制作工具的时代，是人类起源的直接佐证。马克思在《资本论》中指出：“工艺学会揭示出人对自然的能动关系，人的生活的直接生产过程，以及人的社会生活条件和由此产生的精神观念的直接生产过程。”工艺大多为劳动人民直接创造，是人民群众艺术创作的基本形式之一。作为艺术的一种，它是从手工业生产分离出来成为独立的部门后才形成的，高尔基在《论文学》中说过：“艺术的创始人是陶工、铁匠、金匠、男女织工、油漆匠、男女裁缝，一般地说，是手工艺匠，这些人的精巧作品使我们赏心悦目，它们摆满了博物馆。”可见，工艺是对手工产品进行造型和装饰的美化技艺活动，是在历史上形成的与物质生产直接联系着的工艺文化。

二、工业产品设计的工艺美的现状

（1）工艺美术学科不健全。从1992年蔡元培先生受英国人莫里斯“Artand

Craft Movement”(艺术与手工艺运动)一词的启发,第一次创造性地使用了“工艺美术”这一词语后，六十余年来，这一学科虽然有了很大的发展，但是工艺美术设计还没有普及在一切工业生产系统中，还没有一支强有力的科研队伍对此进行系统的、科学的研究；艺术设计与新技术革命还没有统一地协调发展；产品设计忽视在安全、方便、舒适的要求下对人体的标准、尺寸、运动极限以及人的视、听、触诸感官的生理心理的研究；忽视对“人—产品—社会—环境”之间关系的审美研究；没有建立与设计、生产相配套的国家工艺美术博物馆来专门陈列和收藏优秀的设计作品，还不能更好地开展学术交流与信息传递。

工业艺术设计在当今世界上是一门极受人重视的新兴学科，一些先进国家的最高决策层曾把著名的工艺设计和工艺设计集团作为它们智囊的组成部分，“国际工业设计联合会”（ICSID）曾多次探讨工业艺术设计的发展和存在问题，商定有关章程和概念。而在我国，有相当一部分人，尤其是一部分政企领导干部对工艺设计不够重视，认为根本没有包罗一切工业产况的艺术设计，更不会有与之相应的工业艺术设计学，认为工业设计只是对员工产品的美化和乔装，是再刷上一层流行色。

（2）工艺美术教育体制不完善。由于历史的原因和经验的不足，教育体制始终受着深刻的正统美术学院绘画教育体系的影响，对于艺术设计专业的工科特征和知识背景考虑存在着一定历史程度的欠缺，对于崭新的专业来讲，最高学府的教育体系客观上对其它相关院校影响较大。理论与技术实践不能在过程中直接挂钩，在设计方式中，偏重于图代符号的表达和平面构成的绘制，忽视制作与实践、立体与交叉、生产与消费的素质训练，从而造成单一的乐意从事绘画性较强的服装、书装、包装乃至陶瓷设计的人比较多，而愿意和能够从事机械加工制造品——汽车、飞机、机床、电器设备等设计者甚少。再者，工科院校中对工程设计和数理统计更加重视，而工艺美术院校中对绘画性平面效果的青睐不能在设计与生产中很好地结合，从而使每一个设计项目都不能科学地艺术地把握。

第三章　工业产品艺术设计的流程及方法

第一节　工业产品艺术设计流程

对于任何产品的设计，功能都应该放在首位，但功能又只是设计师要给人们带来的唯一好处，好的产品设计师应该把功能与造型完美地结合在一起，同时满足人们对产品功能和形式美的需求。所以根据人们对旅途满载而归的箱包需求产生了对扩容拉杆箱的设计，同时根据使用人群，赋予其新的形式美的造型，并力求采用新型环保材料，创造出新时代人们真正需要的箱包产品。

在企业产品创新管理集成化发展的推动下，工业设计的生产环境以及管理环境都有了较大的改变。工业设计业务流程优化成了研究适应并行工程要求的重中之重，在此条件下，优化和构建面向并行工程的工业设计新流程成为我们探讨的重要问题。

一、理论概述

产品设计在很多时候被人误认为就是工业设计，而被誉为“中国工业设计之父”的柳冠中教授多次提到产品设计只是工业设计领域里的其中一门学科。无论是工业设计还是产品设计，它始终强调我们的设计应该从事物情理的角度出发来理解设计目的，而不仅仅是空谈一种设计理念和创意。柳冠中教授所倡导的“设计事理学”就是以“事”作为思考和研究的起点，从生活中观察、发现问题，进而分析、归纳、判断事物的本质，以此提出系统解决问题的方案，从而实现从设计“物”到设计“事”的飞跃。而这个过程实际上也就是产品设计流程中市场调研所要做足功课、收集资料的过程，只有详细分析“事”的原因，才能实现设计的目的是人而不是产品这一定理。

此外，随着社会和科技发展越来越快，人们对产品除了追求功能、造型、色彩等视觉上的需求，同时也开始注重了产品对健康的需求。在产品设计过程中，设计师应该深入地了解消费者的根本需求，以消费者的需求为中心，创造更合理、更健康，并可持续发展的生活模式，而不只是为了设计而设计。

二、产品设计流程比较和创新

产品设计流程是企业构思、策划、设计和商业化一种产品的步骤或活动序列。一般可以分为串行设计流程和并行设计流程。

（一）产品设计流程比较

1．串行设计流程

串行化是计算机科学中的一个概念，它是指将对象存储到介质（如文件、内存缓冲区等）中或是以二进制方式通过网络传输。之后可以通过反串行化从这些连续的字节数据重新构建一个与原始对象状态相同的对象。因此在特定情况下也可以说是得到一个副本，但并不是所有情况都是这样。串行设计流程包含一系列按时间先后顺序排列的、相对独立的步骤，由企业不同职能部门实行。

串行设计流程包括用户需求分析、方案设计、技术设计和详细设计等几个阶段，还要进行产品原理试验分析、工程分析优化、工艺审查、产品试验研究、样机试制评测改进、小批试制评测改进和生产工艺审查。

由于设计部门独立于生产过程开发产品，因此这些产品很少能一次就可以顺利投入批量生产，串行设计流程设计不合理，使得生产困难，生产成本增加；根据产品设计，需要增添新的生产设备；设计要求精度过高，使得生产费用提高；设计存在装配干涉，产品无法正确装配；设计未能充分利用现有的生产设备、工具、自动装配线。使用计算机辅助设计 / 制造软件的目的，只是为了使产品设计在各个离散的阶段内自动化，减少该阶段所用的时间，并未改变流程固有的顺序开发模式。而多种工具软件的使用，造成相互之间信息共享困难，产生许多“信息孤岛”。这些信息孤岛之间的信息交换，浪费了产品设计宝贵的时间和人力资源。

2．并行设计流程

并行设计是一种对产品及其相关过程（包括制造过程和支持过程）进行并行和集成设计的系统化工作模式。其基本思想是在产品开发的初始阶段（即规划和设计阶段），就以并行的方式综合考虑其寿命周期中所有后续阶段（包括工艺规划、制造、装配、试验、检验、经销、运输、使用、维修、保养直至回收处理等环节），降低产品成本，提高产品质量。

并行设计是充分利用现代计算机技术、现代通信技术和现代管理技术来辅助产品设计的一种现代产品开发模式。它站在产品设计、制造全过程的高度，打破传统的部门分割、封闭的组织模式，强调多功能团队的协同工作，重视产品开发过程的重组和优化。并行设计又是一种集成产品开发全过程的系统化方法，它要求产品开发人员从设计一开始即考虑产品生命周期中的各种因素。它通过组建由多学科人员组成的产品开发队伍，改进产品开发流程，利用各种计算机辅助工具等手段，使产品开发的早期阶段能考虑产品生命周期中的各种因素，以提高产品设计、制造的一次成功率。可以缩短产品开发周期、提高产品质量、降低产品成本，进而达到增强企业竞争力的目的。

并行设计流程通过增加空间复杂性来增加每一时刻可容纳的设计进程，从而使整个设计流程尽可能同时进行。这样可以缩短新产品设计开发周期、降低产品成本、改善产品可制造性、缩短产品上市时间、提高产品竞争力。

并行设计的实质就是集成地、并行地设计产品及其各部分和相关过程的一种系统方法。这种方法要求各专业设计人员与其它人员共同工作，在设计一开始就考虑产品整个生命周期中从概念形成到产品报废处理的所有因素，包括质量、成本、进度计划和用户的要求。采用并行设计方法具有缩短产品投放市场的时间、降低成本、提高质量、保证功能的实用性、增强市场竞争能力等意义。并行设计是在原有信息集成的基础上，集成地、并行地设计产品。更强调功能和流程的集成，通过对设计流程进行优化和重组，实现多学科领域专家群体协同工作。

并行设计技术可以在一个工厂、一个企业（包括跨地区、跨行业的大型企业）及跨国公司等以通信管理方式在计算机软、硬件环境下实现。其核心是在产品设计的初始阶段就考虑到产品生命周期中的各种因素，包括设计、分析、制造、装配、检验、维护、质量、成本、进度与用户需求等，强调多学科小组、各有关部门协同工作，强调对产品设计及其相关过程并行地、集成地、一体化地进行设计，使产品开发一次成功，缩短产品开发周期，提高产品质量。

（二）产品设计流程的创新趋势

随着以信息技术为代表的数字化时代的到来，现代的产品设计流程出现了一些创新的趋势。

1．产品设计流程虚拟化

虚拟设计是指设计者在以现代信息技术为平台建立的虚拟环境中用交互手段建立和修改产品数字模型的过程。虚拟设计制造流程是设计者在虚拟环境中对“数字样机”反复设计、加工、装配、评价，得到的和传输的是数据信息，只有到实际制造阶段，才需要投入原材料、人员、厂房和设备。虚拟设计继承了计算机辅助设计的优点，便于利用原有成果；具备仿真技术的可视化特点，便于改进和修正原有设计；支持团队协同工作和异地设计，利于资源共享和优势互补；便于利用和补充各种先进技术，保持技术上的领先优势。用虚拟设计流程开发产品，时间短、成本低、效率高、风险小，可以快速对市场需求做出反应。

2．产品设计流程“绿色化”

进入21世纪，因世界各国政府对环境问题的重视，有关环境保护法规的建立，企业间的竞争，使带有理想主义色彩的“绿色设计”潮流逐步有了现实意义。基于对环境问题的重视和了解，人们已从20世纪60年代的过于激进的“绿色运动”发展到现今相对成熟的“绿色消费”行为，这为“绿色设计”带来了新的契机。“绿色设计”着眼于人与自然的生态平衡关系，在设计过程的每一个决策中都充分考虑到环境效益，尽量减少对环境的破坏。绿色设计的核心是“3R”即Reduce、Recycle和Reuse，不仅要尽量减少物

质和能量的消耗、减少有害物质的排放，而且要使产品及零部件能够方便地分类回收并再生循环或重新利用。

绿色设计不仅是一种技术层面的考虑，更重要的是一种观念上的变革，要求设计师放弃那种过分强调产品在外观上标新立异的做法，而将重点放在真正意义上的创新上面，以一种更为负责的方法创造产品的形态。为此，我国应该对传统工业产品开发设计的理论与方法进行改革与创新。设计既要满足人们的需求和解决问题，又要节能环保，同时还要出台一些相关政策来鼓励工业设计师多设计一些绿色化的产品。

3．产品设计流程网络化

网络设计是指通过互联网这个全球网络环境，使分布在不同地域的设计者能即时进行技术合作，共享彼此的核心资源，快速设计开发出高质量、低成本、适应市场需求的产品的设计方式。其流程分为概念优化、设计优化和执行 3 个阶段。这一流程由客户的需求驱动，以设计制造出产品为结果，整个设计流程建立在并行的、分布式的环境之上。整个网络设计流程并行管理着 3 个阶段，并且在这 3 个阶段之间和每个阶段内部都进行相互协同的并行设计，使得分布在世界各处的设计者能并行地优化产品性能、价格和交货时间。

同时，传统美学文化在工业设计上的继承及发展绿色设计是当今时代的大趋势，传统文化在工业设计上继承及发展也不能不提。当今的世界是个多元化的世界，进入 20 世纪，在中西文明大碰撞中，我们开始对自己民族的传统文化进行反思，并在很大程度上调整了以前对传统文化的看法。但是，这种反思，一直是在十分艰难的过程中前进。对待传统文化的处理方面，一些发达国家的做法对我们有很大的启发。两次世界大战之间，形成了十分广泛的斯堪的纳维亚的风格。这种风格与艺术装饰风格、流线型风格等追求时尚和商业价值的形式主义不同，它不是一种流行的时尚，而是以特定的文化背景为基础的设计态度的一贯体现。这些国家的具体条件不尽相同，因而在设计上也有所差异，形成了“瑞典现代风格”“丹麦现代风格”等流派。

工业设计是一门综合性的交叉学科，它是沟通和联系人、产品、环境、社会和自然的中介，它直接影响人的生活方式。

在科技发展越来越快速的今天，很多从前人们实现不了的需求也能在高新科技、产品新颖的观念下得到满足。因此，产品设计的生活化、人性化、绿色化已经成为一个不可逆转的潮流。现代产品设计不仅要满足人们的基本需要，而且要满足现代人追求轻松、幽默、愉悦的心理需求。另外，进行产品设计时，应将设计触角伸向人的心灵深处，通过富有隐喻色彩和审美情调的设计，在设计中赋予更多的意义，让使用者心领神会而倍感亲切。产品的形态一定要符合使用者的心理。美观大方的造型、独特新颖的结构，有利于使用者高尚审美情趣的培养，符合当今消费者个性化的需求。

第二节　工业产品艺术设计流程中美学的体现

现在人们对产品的需求已经从物品的占有和富足转变为对自我存在和个性差异的追求，这也意味着“大众消费”时代进入了“阶层消费”时代，人们越来越倾向于购买产品的象征价值，而不仅仅是其使用价值。产品设计是以满足人的需求为目的，所以产品就具备两种不同的特征：一是产品使用特征；二是产品要满足使用者精神需求和消费文化的审美特征。工业设计的本质之一就是按照美的规律为人们服务，创造出它们所需求的产品。美的因素已成为考察设计成果优劣程度的重要标准之一。以技术—形式坐标体系理论为基础，试图探究产品设计美学的量化评价标准，为产品设计提供更具有可操作性的设计美学评价方法。

设计的本质是“按照美的规律为人造物”。工业设计是人类在现代大工业条件下按照美的规律进行造型设计的一种创新的社会实践，是技术与艺术形式的高度结合。设计美则是建立在技术发展与形式创新基础之上的一种艺术性的造物活动带来的心理体验，让消费者在产品使用体验中，得到情感的熏陶和生命情感的体验享受。

一、功能美

功能美是指产品良好的技术性能所体现的合理性，是科学技术高速发展对产品造型设计的要求。技术上的良好性能是构成产品功能美的必要条件。

技术可谓是产品的主干，包括产品运用所应有的功能、生产产品所需的原材料和采用的制作技术，使用产品的时候所遵循的操作流程。技术价值偏向于理性，是制作过程中理智、思维与创新意识的综合表现形式。现代健康的倾向是，注意尽量服从、适应和利用物品本身的功能、结构来做形式上的审美处理，重视物质材料本身的质料美、结构美，尽量避免做出不必要的雕饰、造作。这就是说，功能美要体现产品的功能目的性。

产品的形态是产品的使用功能和审美价值的具体体现，产品形态的构成元素有点、线、面、体，通过它们的变形、组合形成的不同的形态，进而传达出不同的性格特征和美的感受。产品形态中的点通常包括面积相对较小的文字和图案，装饰性的凸起或凹下的圆点和方点。点的运用既能增强优雅的气质，同时又具有现代设计生动、活泼的特性。

不过，产品首先是实用物品，它的美不能脱离它的实用目的。因此，一般而言，人们设计和生产产品，有两个起码的要求，或者说其产品必须具备两种基本特征：一是产品本身的功能；二是作为产品存在的形态。功能及其使用的价值，是产品之所以作为有用物而存在的最根本的属性，没有功效的产品是废品，有用性即功能是第一位的。实用价值（即物的功能价值）能满足人类生命生存的需要，合乎用户的目的性，因而使用户感觉到满足的愉悦，进而体验到一种美，即功效之美。在产品的设计与生产中，功效与美是联系在一起的，是产品设计的一种本质性的存在。

二、形式美

人们时常说起的形式美，通常理解为产品使用的原料本身所具有的自然特性，比如，颜色搭配、线条组合还有声音的音调等，外加其特有的组合节律所展现出来的审美特征。形态的设计是点、线、面、体的综合运用，要设计出富有个性、艺术魅力的形态，不但需要深入挖掘基本形态的内涵，而且要善于对形态重新组合、加工，将不同的形态纳入一个和谐的整体。

事物所现有的美感与产品以及产品宣传人员恰当结合之后所体现出来的独特韵味，即为形式美。形式美也是靠近与感性、情感以及灵感三体合一的艺术想象思维。产品设计是将产品全面真实地向客户观众所呈现的体型展示，需要引用多方位技术含量和艺术思维相结合，按照产品具有的功能和审美的规律进而创新。设计的独特性是艺术美学源远流长的有利保证，美学的价值所在将深深地融入艺术爱好者的生活中。产品设计的水平高低取决于观众对产品形式与审美观关系如何理解，我们设计者要用“美”的尺度，设计并制造出富有形式美感的现代“艺术品”产品设计。

产品的线分为装饰性的线和面与面相交而产生的交线。装饰性的线主要是对产品的面进行不同功能的划分，或者对面进行装饰，从而使产品更加丰满饱和。产品的面与面相交产生交线，是产品性格的重要体现。直线使产品具有简洁、整齐、刚劲的美感；斜线使产品显得生动活泼；曲线充满柔和、流畅、秀美的气质，充满运动、扩张的生命力感。

产品中的面按形状可以分为：凸起的面和凹下的面。凸起的面具有形象完整、内部饱和、给人圆润、稳定但又充满生命的张力的感受；凹下的面一般而言对人的心理刺激强烈，给人距离感、神秘感。面的凹凸变化可以增强产品的立体感，丰富产品的形态和性格特征。

随着社会的不断发展，人们的生活水平不断提高，对审美标准也有所改变。所以，在产品设计方面，切合人们实际生活是非常重要的，提倡人性化设计，从消费者需求出发，与社会发展现状保持一致，才可以适应现代经济发展，在激烈的市场竞争中处于不败之地。从史前时代起，人们在狩猎中对石器的加工从粗糙到精细、从不规则到匀称，技术美的产生及发展经历了漫长的历史过程。实用的需要推动着人们去提高技术，有意识地改变着工具的造型形式。箭头要能平稳地射出，就必须沿轴线对称；砍砸器要适合使用，

就需要在长、宽、厚之间保持匀称的比例。

人们在石器加工中形成的形式感直接与物质生产中的适用性联系在一起。在劳动中，持续的紧张容易产生疲劳，通过节律化和节奏感可以使机体调整达到一定的平衡，从而使劳动轻松化。这种劳动的节奏通过工具的撞击等声响进入人的意识，形成节奏感。艺术的相对独立性对于审美意识的确立和提高产生了决定性影响，它还反作用于物质生产，使技术和工艺产品具有更多的审美属性和精神价值，在手工业生产中，技术因素和艺术因素融合于一身，这种融合从手工业工匠身上体现出来。

18 世纪末，机器生产的出现带来了工业生产结构的变化。随着机械化的不断深入，生产工人的工作流程被机器限定，技术水平趋于平均化，使原来融技术与艺术于一身的工作产生了分化。由于固定的设计安排，限制了产品结构形式，在直接生产中消除了一切审美因素。一方面由于技术的限制，另一方面由于资本家对产量的追逐，把审美因素从物质生产领域排挤了出去。

现代化工业技术的生产方式使工业设计成为全部生产过程的主导环节，成为一种综合性规划，它把社会的、经济的和科学技术的进步有机地结合起来，而且人们逐渐注意和改进工业的设计。物质生产领域中的审美形态和审美经验有其特殊的性质，它们分别表现为技术美以及在使用和生产过程中的审美体验。技术美以其表现形态与技术功能的联系而区别于艺术美。对技术美的体验不仅通过观照而且还通过生产或使用过程的动觉感受，从而也区别于艺术观赏。

三、技术美

技术美通过技术生产过程和产品的结构形式表现出来。它在形式上具有规律性，在内容上具有目的性。产品的技术美表现在由产品的材料、结构、功能、形式与环境等因素构成的辩证统一中，其中功能因素占主导地位，产品的功能和结构都是多因素组成的动态系统。在功能中不仅包含技术的、经济的，而且包含使用的、精神的因素。随着技术的发展，将不断开拓出新的功能，结构形式也将变化无穷。在功能、结构、外形之间并不存在单一的对应关系。一种功能可由多种结构实现，而一种结构也可以具有不同的外形。因此，技术美具有一定的相对性。

合理选用良好的材质不仅可以用最简约的方式产生艺术感，还可以使产品具有不同的身份、品位等象征意义。因此，面对不同需求的消费者，在选用材质时不仅要考虑材料的质感、加工工艺、耐磨性、强度等因素，还需要充分考虑材料与消费者的情感关系及情感联想。同样形态的产品采用不同的材质，会使消费者产生不同的心理感受。新兴的IMD、IML、铝合金、镁合金等材料与传统材料相结合经过不同的加工工艺，如电镀、丝印、镭雕、电铸、蚀纹等的处理，必定会给消费者带来丰富多彩的心理感受。

在总体环境的审美塑造中，技术工艺将与艺术美和自然美相结合，构成一个理想的生活和劳动空间，成为人类物质文明与精神文明发展的重要标志。工艺过程美的根源在于生产过程的合理化。生产过程的组织、人与机器和劳动环境的动态关系具体表现在空间、时间的安排，节奏、色彩和音响的处理，人体的动律与机器运转的关系等方面，它们直接激发着人的心理和情感反应。生产过程的合理化将使劳动不再是一种沉重的负担，而成为一种美的创造。在现代技术与科学是一个有机的整体，这就是科学美。新技术的产生在于各种科学理论的综合应用，作为理论形态的科学也存在科学结构的美。科学美是指科学结构所反映的客观世界的简单性、完整性和有序性，由此使人感受到自然的和谐而产生审美的愉悦。要感受这种美，就必须使欣赏者具有一定的科学修养。科学是以抽象概念的形式反映客观世界的和谐图像的，其中包含有丰富的感性形象。但是，这种感性形象是用抽象的科学符号系统表述的。

产品美学的合规律性还表现在其系统性、整体性，上产品美学所关注的是产品的形式与审美主体对形式所包含的意义的理解，以及由此激发的情感体验。产品的形式不能停留在各种要素的罗列和表面分析不一上，也不应把形式要素与功能孤立，割裂开来，把产品的美仅仅分解成形式美、色彩美、纹理美等。并由此派生出形态美学、色彩美学、材料美学等许许多多的再生

体这样一种分析方法并不能抓住物质文化审美的一般性规律，结果只能是用支离破碎的片面经验描述取代对产品美及其感受。科学家全面分析系统性、整体性的观点是注重事物要素间的相互联系和作用，而不是把对象简单孤立的分割开来。产品是产品的美学的逻辑起点，对产品的结构材料、形式、功能的微观分析与产品环境的宏观分析都是系统论观点的体现。这样既可以实现形式审美要素分析与产品功能分析相结合，又可以加强形式结构各要素间的密切联系，也符合客观规律性使产品美学在整体环境中对人的审美意义得以升华。

第三节　工业产品设计的方法

设计的本质在于将产品的实用功能和使用过程中的愉悦体验进行完美融合。用设计的手段对产品加以优化和改造，提高产品的使用效率，增强使用者在使用产品时的愉悦感受，是产品设计要达到的目的。换言之，即具有优良设计的产品不仅要“能够使用”而且要让使用者“使用得愉快”。

一、产品的外观造型设计

产品外观是指产品的大小、外在结构、颜色、图案、造型等方面的综合表现，它是产品质量的一个有机组成部分，也是同行之间进行市场竞争的一种手段。任何事物都具有自己的形态特征，大自然中的山川、树木、河流以及花、鸟、鱼、虫等都有着各自与众不同的独特形态，这些形态或是经过地质变化形成的，或是经过优胜劣汰的进化形成的，此类自然中的形态都是未经过人工加工过的。而消费社会中在市场上流通的工业产品则不然，这些工业产品往往是要通过设计方能进入流通环节。未经过设计的产品在市场经济的环境下是不具备竞争力的。

根据人的生理结构，人的眼睛对物体的结构形态的感知是先于色彩等元素的，具有优美外形的产品会在第一时间吸引消费者的目光，让消费者在使用产品之前就有一个愉悦的心态，增加消费者购买此产品的倾向。

（一）形态的附加性（加法设计）

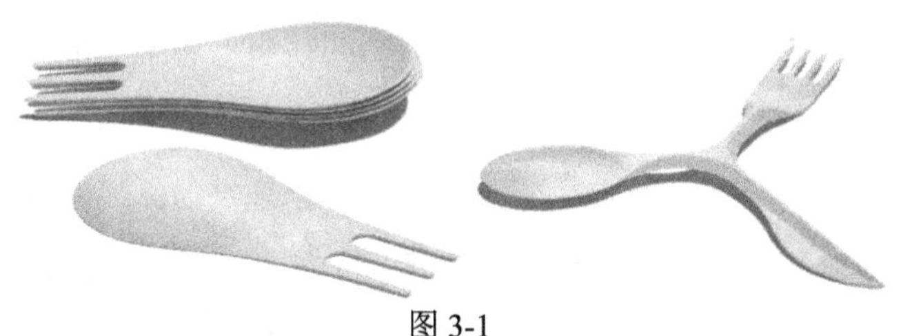

图 3-1

（二）形态的简化性（减法设计）

产品设计中的形态简化的含义及意义。在现实中我们发现，具有一定秩序性的形态一般都具有美感，如一些简单的几何形态，或具有黄金分割比例的矩形等。而相对于一些无规律可循、杂乱复杂的形态，这些几何形态共同的特点是具有简洁性，简化是对复杂形态的一种高度概括，是单纯的体现，是对形态主要结构特征的高度概括，其中往往蕴含着丰富的内涵。

（三）形态的比例改变

比例（proportion）是一个数学术语，表示两个或多个比相等的式子。在一个比例中，两个外项的积等于两个内项的积，叫作比例的基本性质。在数学中，如果一个变量的变化总是伴随着另一个变量的变化，则两个变量是成比例的，并且如果变化总是通过使用常数乘数相关联，那么常数称为比例系数或比例常数（如图 3-2 所示）。

图 3-2

（四）形态的结构改变

形态就是外表的形状与体态，是事物的外在。结构是组成整体的各部分的搭配和安排，是事物的内在（如图 3-3 所示）。

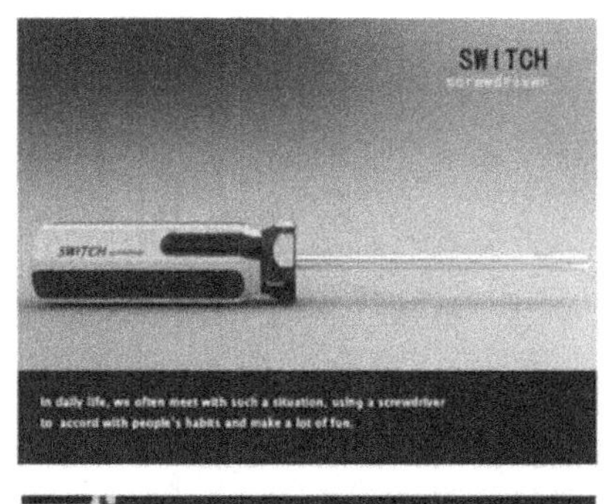

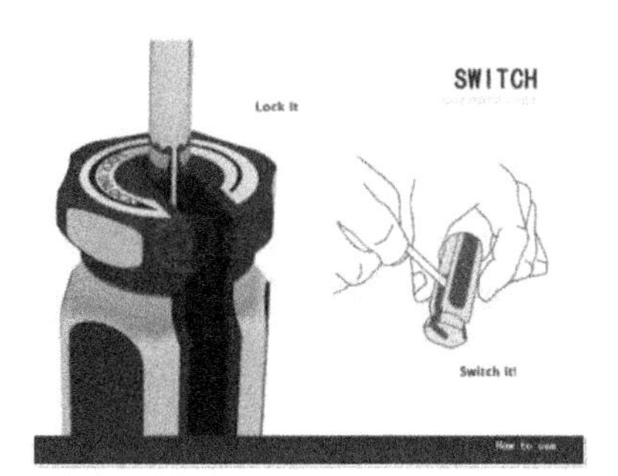

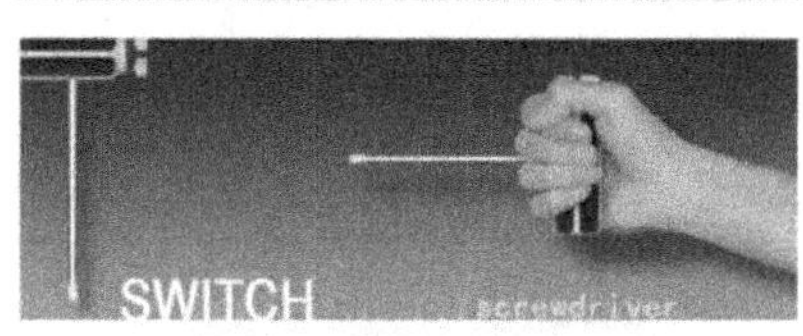

图 3-3

二、产品的色彩设计

色彩设计在工业产品设计中占有重要的位置，如果市场上的产品都设计成白色或是黑色，那会是多么的单调。我们周围五颜六色的产品不仅赏心悦目，而且也把我们的生活点缀得多姿多彩。

在运用色彩进行产品设计的过程中，色环上相邻色相的搭配会让产品整体显得和谐自然，色环上成 180° 的对抗色的搭配则体现出强烈对比的效果。在具体产品设计中，产品上一些关键操作的部件和按钮可以涂装成红色或橙色，以起到醒目和突出相应功能的作用。在产品设计上，可以应用不同的色彩来区分同一个产品中不同功能的各个区域。橙黄色是人眼在充足光线下最敏感的颜色，在设计中，可将产品中容易伤害自身或它人的危险区域涂装成橙黄色，以起到警示作用。

三、材料的改变

节约能源，变废为宝是我们倡导的一个生活主题。面对地球能源的大量浪费与紧缺，环保与节能成了当今世界上永恒的话题。但是总把这些大道理、大学问挂在嘴边当口号是没有用的，需要我们切身去变废为宝。

我们大家都知道，废旧材料是指我们每个家庭在平时的日常生活中必要的或常用的可再生的安全又卫生的废品。大多数家庭把这些废旧材料当作无用的垃圾处理掉，只有个别有环保意识的家庭，把这些废旧材料当作再生资源进行回收利用。其实，每一种废旧材料对孩子来说，都具有人们意想不到的教育价值，注意利用废旧环保物品和自然材料引导孩子进行实践活动是一件环保而有意义的工作（如图 3-4）。

图 3-4

1．因材适用（如图 3-5）

图 3-5

2. 环保材料的应用（如图 3-6）

图 3-6

四、产品的人机交互设计

人机交互、人机互动（英文：Human-Computer Interaction 或 Human-Machine Interaction，简称 HCI 或 HMI），是一门研究系统与用户之间的交互关系的学问。系统可以是各种各样的机器，也可以是计算机化的系统和软件。人机交互界面通常是指用户可见的部分。用户通过人机交互界面与系统交流，并进行操作。小如收音机的播放按键，大至飞机上的仪表板或是发电厂的控制室。人机交互界面的设计要包含用户对系统的理解（即心智模型），那是为了系统的可用性或者用户友好性。

现今的产品设计不仅要注重产品的实用功能，而且还要考虑到产品的友好性——即产品是否好用、易用，以及产品是否能够在使用过程中提供愉悦的心理体验。美国著名的认知心理学家唐纳德·诺曼博士认为：设计里含有的情感成分可能比实用成分对产品的成功更重要。可见，在设计中适当地把握好情感成分和实用成分所占的比重是一个设计是否成功的关键所在。

一个交互界面的好坏，直接影响到软件开发的成败。友好人机交互界面的开发离不开好的交互模型与设计方法。因此，研究人机交互界面的表示模型与设计方法，是人机交互的重要研究内容之一。例如，在产品设计中，将常用的操作部件和按钮放置到右手边，可以大大地降低操作中劳动的强度和失误的频率。又如，基于人的眼睛对处于运动中物体较为敏感的特点，在产品设计中，在需要的部位，设计相应的机械运动部件或闪烁的指示灯，就能够让使用者的注意力快速地集中到需要集中注意力的地方。

人机交互技术领域的热点技术的应用潜力已经开始展现，如智能手机配备的地理空间跟踪技术，应用于可穿戴式计算机、隐身技术、浸入式游戏等的动作识别技术，应用于虚拟现实、遥控机器人及远程医疗等的触觉交互技术，应用于呼叫路由、家庭自动化及语音拨号等场合的语音识别技术，对于有语言障碍的人士的无声语音识别，应用于广告、网站、产品目录、杂志效用测试的眼动跟踪技术，针对有语言和行动障碍者开发的“意念轮椅”采用的基于脑电波的人机界面技术等。

人与机器之间的交流称作人机交互，人与人之间通过语言来交流，同样原理，人与人造物（产品）之间也要有交流，这些交流语言可以是部件的运动、指示灯的颜色、指示灯的闪烁、屏幕上的提示等，这些机器的语言应该具有醒目、连续、无障碍认知等特点。

合理正确地运用人机交互设计，会让产品在生产过程中大幅提高生产效率，降低使用过程中的成本，减少或杜绝人身伤害，减少使用者使用过程中的疲劳程度，增强使用者的愉悦感受等。

五、产品的全生命周期设计

在产品全生命周期中，产品设计尤其是设计过程中的概念设计阶段，被

看作是实现可持续制造目标的最具有决定作用的阶段。生命周期设计又称生态设计。它是从产品性能、环境保护、经济可行性的角度，考虑产品开发全生命周期。包括产品设计、原材料的提取、产品的制造、包装、销售和使用、用后的回收与处置全过程的污染预防要求，多级使用资源与能源，以降低产品生产和消费过程对环境的影响，使其与地球的承载能力相一致，以确保满足产品的绿色属性要求。

一个产品的全生命周期包括以下环节：市场需求分析、设计开发、生产制造、销售、使用及淘汰废弃后的回收处理。在设计过程中，依据特定的评价函数进行设计案例的选择，而评价函数必须包含外围所示的各项因素，即产品的基本属性、环境属性、劳动保护、资源有效利用、可制造性、企业策略和生命周期成本。

在产品的全生命周期设计中，常用的设计方法主要包括：面向装配的设计 DFA，面向拆卸设计 DFD，面向循环设计 DFR，面向质量设计 DFQ，面向可靠性设计 DFR，面向维修性设计 DFM，面向服务设计 DFS 等。

从传统意义上说，企业只对售出的产品提供有限的售后服务，对废弃产品的回收和拆解一般不在这些企业的经营和服务的范围之内，但随着全球气候变暖等环境问题的日益突出，各国政府逐渐开始以立法的方式强制约束企业对售出的产品进行回收和拆解，如果产品设计的难以拆解或拆解费用太高，企业在这个产品生命周期内获得的利润就会降低。

当今中国，设计产业高速发展，设计给人们带来的便利也体现在生活中的方方面面，小到普通的钢笔、牙刷，大到关系国计民生的汽车、飞机等交通工具，都有设计的存在。设计需要广博的知识积累，需要设计师有持久的学习能力，在设计方法的运用上，单独运用一种设计方法通常难以达到目的，灵活地结合不同的设计方法往往会取得较好的效果。优秀的设计如春夜细雨，润物无声，科学、合理地运用相应的设计方法也会使你的设计水平在潜移默化中得到进步。

六、设计创造的思维方式

（一）跃迁性（图 3–7）

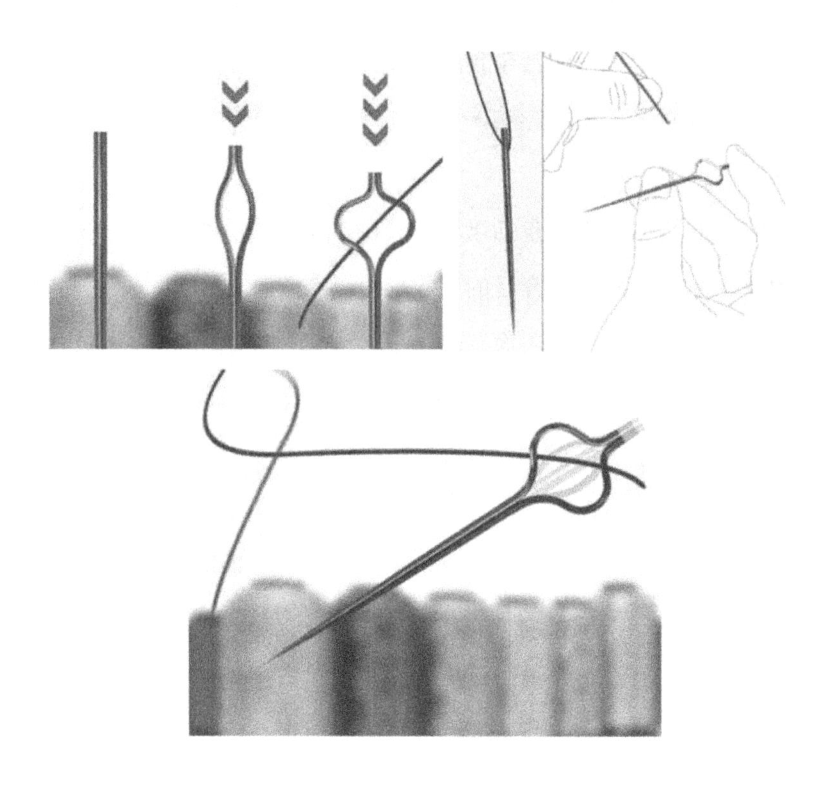

图 3-7

（二）独创性

独创性也称原创性或初创性，是指一部作品经独立创作产生而具有的非模仿性（非抄袭性）和差异性。一部作品只要不是对一部已有作品的完全的或实质的模仿，而是作者独立构思的产物，在表现形式上与已有作品存在差异，就可以视为具有独创性，从而视为一部新产生的作品，而不是已有作品的翻版。

作品的独创性要求与专利制度中发明的新颖性要求不同。发明的新颖性要求意味着发明必须是首创的，前所未有的。作品的独创性要求仅意味着作品是非抄袭的和有差异的即可，即使表现形式与某一已有作品因偶合而相似

也无妨。例如，两个人在同一位置、同一时间拍摄同一景物而产生的两张相似的照片，由于并不是相互翻拍的产物，因而都可以成为著作权法所称的作品，分别受到保护（如图 3-8）。

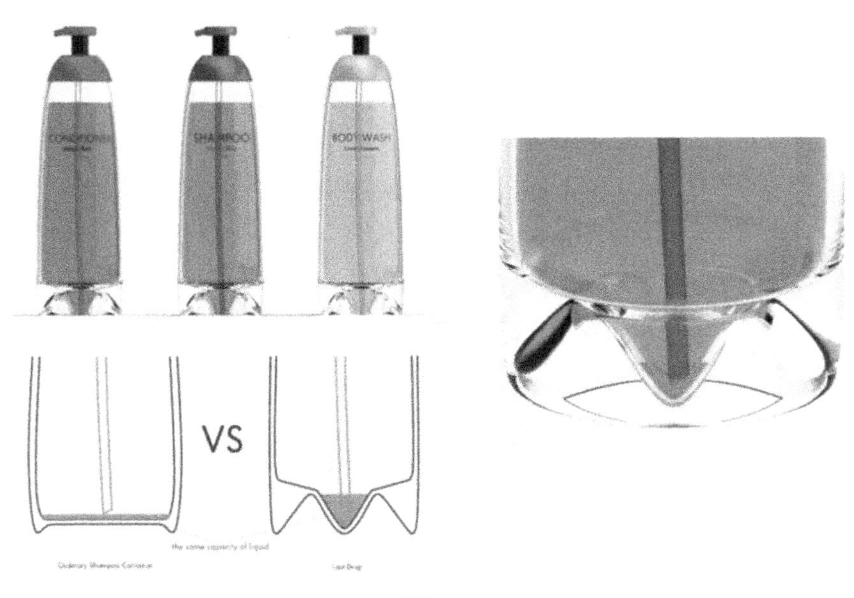

图 3-8

（三）发散思维

发散思维，又称辐射思维、放射思维、扩散思维或求异思维，是指大脑在思维时呈现的一种扩散状态的思维模式，它表现为思维视野广阔，思维呈现出多维发散状。如“一题多解”“一事多写”“一物多用”等方式，培养发散思维能力。不少心理学家认为，发散思维是创造性思维的最主要的特点，是测定创造力的主要标志之一。

想象是人脑创新活动的源泉，联想使源泉汇合，而发散思维就为这个源泉的流淌提供了广阔的通道。思维是人脑对客观事物本质属性和内在联系的概括和间接反映。

以新颖独特的思维活动揭示客观事物本质及内在联系并指引人去获得对问题的新的解释，从而产生前所未有的思维成果称为创意思维，也称创造性思维。它给人带来新的具有社会意义的成果，是一个人智力水平高度发展的产物。创意思维与创造性活动相关联，是多种思维活动的统一，但发散思维和灵感在其中起重要作用，创意思维一般经历准备期、酝酿期、豁朗期和验证期四个阶段（如图 3-9）。

图 3-9

（四）逆向思维

逆向思维也叫求异思维，它是对司空见惯的似乎已成定论的事物或观点反过来思考的一种思维方式。敢于“反其道而思之”，让思维向对立面的方向发展，从问题的相反面深入地进行探索，树立新思想，创立新形象。

当大家都朝着一个固定的思维方向思考问题时，而你却独自朝相反的方向思索，这样的思维方式就叫逆向思维。人们习惯于沿着事物发展的正方向去思考问题并寻求解决办法。其实，对于某些问题，尤其是一些特殊问题，从结论往回推，倒过来思考，从求解回到已知条件，反过去想或许会使问题简单化。

逆向思维在各种领域、各种活动中都有适用性，由于对立统一规律是普遍适用的，而对立统一的形式又是多种多样的，有一种对立统一的形式，相应地就有一种逆向思维的角度，所以，逆向思维也有无限多种形式。如性质上对立两极的转换：软与硬、高与低等；结构、位置上的互换、颠倒：上与下、

左与右等；过程上的逆转：气态变液态或液态变气态、电转为磁或磁转为电等。不论哪种方式，只要从一个方面想到与之对立的另一方面，都是逆向思维（如图 3-10）。

图 3-10

（五）联想思维

联想思维是指人脑记忆表象系统中，由于某种诱因导致不同表象之间发生联系的一种没有固定思维方向的自由思维活动。主要思维形式包括幻想、空想、玄想。其中，幻想，尤其是科学幻想，在人们的创造活动中具有重要的作用。

联想思维简称联想，是人们经常用到的思维方法，是一种由一种事物的表象、语词、动作或特征联想到其他事物的表象、语词、动作或特征的思维活动。通俗地讲，联想一般是由于某人或者某事而引起的相关思考，人们常说的“由此及彼”“由表及里”“举一反三”等就是联想思维的体现。

联想思维在形象胚芽的形成和发展中有时起着“触媒”的作用。一经发生联想，胚芽便立时形成，或迅速生长发育，形成形象。联想思维始终不会离开思维对象的感性的形象形式。它是能动的，却不是纯主观性的；是自由的，却不是任意的。不论作者自觉或不自觉，联想思维总是受着客观对象、写作对象本身的要求的规定和制约，因此它必然地指向一定的方向（如图 3-11）。

图 3-11

第四章　工业产品标志的艺术设计

第一节　工业产品标志的分类与特征

标志是一种大众传播符号，它以精练的形象表达一定的含义，并借助人们的符号识别、联想等思维能力，传达特定的信息。它的基础性和专业性都很强，特别是在高职院校学习的设计师，学习标志设计时更需要把握它的要素，需要在理论学习的基础上通过实践来强化职业技能，努力成为高素质技能型人才。

一、标志的分类

标志是生活中人们用来表明某一事物特征的记号。它以单纯、显著、易识别的物象、图形或文字符号为直观语言，除表示什么、代替什么之外，还具有表达意义、情感和指令行动等作用。标志，在现代汉语词典中的解释是：表明特征的记号。

标志是一种精神文化的象征，随着商业全球化趋势的日渐加强，标志的设计质量已经被越来越多的客户所看重，有的大型企业已经意识到花重金去设计一个好标志是非常值得的，因为标志折射出的是企业的抽象视觉形象。

（一）从种类上来分

1．企业标志

企业标志以代表企业形象的标志树立企业精神理念、文化理念、经营理念为主旨，体现企业特征，如银行、电信、矿山、石油等企业。企业标志承载着企业的无形资产，是企业综合信息传递的媒介。标志作为企业 CIS 战略的最主要部分，在企业形象传递过程中，是应用最广泛、出现频率最高，同时也是最关键的元素。

企业强大的整体实力、完善的管理机制、优质的产品和服务，都被涵盖于标志中，通过不断地刺激和反复刻画，深深地留在受众心中。企业标志，可分为企业自身的标志和商品标志两种。

2．事业标志

它用完整代表非营利机构团体形象的视觉符号表达团体的性质和职能，如政府组织、学校等。

3．公共信息标志

公共信息标志，是以图形、色彩和文字、字母等或者其组合，表示公共区域、公共设施的用途和方位，提示和指导人们行为的标志物，作为一种通用的“国际语言”，其使用状况可以体现出一个城市的文明程度和管理水平。它是城市环境规范，引导指示的标志，常用于建筑、道路和公共空间示意等。

4．活动标志

活动标志是专为节日活动和大型文体活动设计的标志，用于视觉宣传，此标志具有阶段性特征，如 2008 年的北京奥运会标志、2010 年的上海世博会标志等。

5．政府团体与组织机构标志

此标志具有至高无上的境界和内涵，是国家和团体组织的神圣代表，如国徽、联合国标志等。

（二）从表达形式上分

1．具象标志

具象图形是对自然、生活中的具体物象进行一种摹仿性的表达。具象图形设计主要取材于生活和大自然中的人物、动物、植物、静物、风景等，其图形特征鲜明、生动，因贴近生活而有感染力。所以，它以人物、动物、植物等自然造型或人们崇拜的物象作为设计元素，进行整合、转化、提炼而形成的图形标志。

2．抽象标志

抽象标志是用几何图形或非自然对象图形来表达事物或含义。它来源于

自然对象的高度概括，是用理性、明确和秩序的形象来表现标志设计，表达标志的概念和内涵。抽象标志在信息传达上，不但具有广泛的概括性和表现力，而且更能引起人们心理上、逻辑上的联想，简洁地传达一定的艺术意境。

抽象标志的表现特点是形象工整鲜明、规范严谨、单纯强烈、易于制作，具有很强的现代感和形式美感。优秀的抽象标志由于造型简洁、耐人寻味而能给人留下深刻的印象。它通过物象的变形变化，产生了象征性强、寓意深刻地运用几何形体构成的图形，把无形的实物演变成有形的表意形象。

3．字体标志

它以字体（包括数字等）为设计要素，进行改造、装饰、变形等，并将其转化为表意形象。文字是人类文化的重要组成部分，无论在何种视觉媒体中，文字和图片都是其两大构成要素。文字排列组合的好坏，直接影响其版面的视觉传达效果。因此，文字设计是增强视觉传达效果、提高作品的诉求力、赋予作品版面审美价值的一种重要构成技术。

在计算机普及的现代设计领域，文字的设计工作很大一部分由计算机代替人脑完成了（很多平面设计软件中都有制作艺术汉字的引导，以及提供了数十上百种的现成字体）。但设计作品所面对的观众始终是人脑而不是计算机，因而，在一些需要涉及人的思维方面计算机是始终不可能替代人脑来完成的，例如，创意、审美之类。

4．复合型标志

复合型标志整合了具象和抽象等多种标志设计形式，丰富其设计内涵，发挥其特点，使设计效果更为优异。

二、标志的特征

标志代表着企业的经营理念、企业的文化特色、企业的规模、经营的内容和特点，因而是企业精神的具体象征。因此，可以说社会大众对于标志的认同等于对企业的认同。只有企业的经营内容或企业的实态与外部象征——企业标志相一致时，才有可能获得社会大众的一致认同。作为视觉图形语言的标志符号，与文字语言及其它视觉形式的绘画艺术相比，有许多不同之处。

（一）标志的识别性

标志最突出的特点是各具独特面貌，易于识别，显示事物自身特征。标示事物间不同的意义、区别与归属是标志的主要功能。各种标志直接关系到国家、集团乃至个人的根本利益，绝不能相互雷同、混淆，以免造成错觉。因此标志必须特征鲜明，令人一眼即可识别，并过目不忘。早期的人类，人们往往利用特定符号区分人的名字、部落的身份、种族的信仰，并将其作为标记标注在自己使用的物品上。随着商业和资本的发展，商品中也出现不同的符号和色彩标注。所以，识别性是标志的基本特征。

企业和团体建立标志的最终目的是在人们心中建立起深刻而良好的印象，提升企业文化品牌，促进商品销售，树立良好的信誉，强化视觉感受。同时，标志总是不断地与人们进行对话交流，向人们表述着生动，并能区别于其它产品的自我形象。

（二）标志的传播性

人们在购买商品时，都会想到自己需要购买什么品牌的商品，因为这些品牌记忆在人们心里，从而产生对这些品牌形象信息的传达和理解，它更多地指向对标志形象信息传播的性质和传播细节的认知。标志传播是一个信息传递的过程。并且，标志与广告或其它宣传品不同，一般都具有长期使用价值，不轻易改动。

标志种类繁多、用途广泛，无论从其应用形式、构成形式，还是从表现手段来看，都有着极其丰富的多样性。其应用形式，不仅有平面的（几乎可利用任何物质的平面），还有立体的（如浮雕、圆雕、任意形立体物或利用包装、容器等的特殊式样做标志等）。其构成形式，有直接利用物象的，有以文字符号构成的，有以具象、意象或抽象图形构成的，有以色彩构成的。多数标志是由几种基本形式组合构成的。就表现手段来看，其丰富性和多样性几乎难以概述，而且随着科技、文化、艺术的发展，总在不断创新。权益

的保障是标志的法律功能，标志的现代化应用及其注册是对公众的负责。专属性是指商标注册人享有法律保护的专用权，是自我权益的保护。他人未经许可不得擅自使用。带有商标形象的商品在市场上受到法律的保护，它体现了标志本身的价值。

（三）标志的象征性及审美性

首先，标志设计不仅是一个符号而已，标志的真正意义在于以对应的方式把一个复杂的小物品用简洁的形式表达出来。标志是设计中的“小品”，但也是设计中最难的。它具有以小见大、以少胜多、以一当十的选择性特点。标志设计通过文字、图形巧妙组合创造一形多义的形态，比其它设计要求更集中、更强烈、更具有代表性。突出的表现在于设计概括的形象化，以单纯、简洁、鲜明为特征，令人一目了然；简练、准确而又生动有趣，其有即时达意的传达功效。

其次，标志的象征性体现了商标最本质的特征，是事业的象征，这是标志的信息功能，以形达意，象征着事业理念、企业精神或企业的某种属性特征。通常通过安全、警告、禁止等安全标识符号来提示，引导人们注意。同时，标志无论要说明什么、指示什么，无论是寓意还是象征，其含义必须准确。首先要易懂，符合人们的认识心理和认识能力。其次要准确，避免意料之外的多解或误解，尤应注意禁忌。让人在极短时间内一目了然、准确领会无误，这正是标志优于语言、快于语言的长处。

第二节　工业产品标志设计的基本原理

在企业形象策划的 VI 系统中，标志是应用得最广泛、出现频率最多的要素，具有发动所有视觉设计要素的主导力量，是统合所有视觉设计要素的核心。更重要的是，标志在消费者心目中是特定企业、品牌的同一物。学习标志设计，就要把握它的几个要素。

一、标志设计的意义

（一）信息传递准确

信息传递是现代化管理的基本要求。信息传递的广义含义是信息在媒介体之间的转移。严格地说，所有信息处理都是信息在组织内部的传递，也就是信息在物理位置上的移动。信息传递是通过文字、语言、电码、图像、色彩、光、气味等传播渠道进行的。信息传送方式有单向传送、双向传送、半双向传送（每次传送只能是一个方向）、多道传送（一个通道通过多个信号）等。信息传递程序中有三个基本环节。第一个环节是传达人，必须把信息译出，成为接受人所能懂得的语言或图像等。第二个环节是接受人（消费者）要把信息转化为自己所能理解的解释，称为“译进”。第三个环节是接受人（消费者）对信息的反应，要再传递给传达人（销售经理），称为反馈。

标志设计是通过造型简单、意义明确的统一标准的视觉符号，将经营理念、企业文化、经营内容、企业规模、产品特性等要素传递给社会公众，使之识别和认同企业的图案和文字。标志设计的第一要素就是信息的准确性，无论是用文字标志还是图形标志或是图文综合标志，只有在设计中将信息通过该标志的文字或图形准确无误地表现出来，才算是一个优秀的标志设计。在平面设计中，我们强调的是图形与图形之间的构成与色彩的搭配关系；在立体构成中，我们强调的是点、线、面、体之间的空间与构成；在色彩构成中，我们强调的是在色彩科学体系的基础上，研究符合人们知觉和心理原则的配色规律；在字体设计中，我们强调的是文字对传递信息的表现手法。但在标志设计中，我们除了能灵活应用平面构成、立体构成、色彩构成和字体设计的各种方法外，还要学会在图形和图形之间找到联系，创作出既有新意又能将信息准确传递给受众的好的标志。

（二）品牌的体现

在科学技术飞速发展以及日益激烈的市场竞争的今天，印刷、摄影、设

计作品、视频短片等视觉传送的形式越来越丰富，其作用同样越来越重要，这种非语言形式的传送具有了比传统的语言传达更多的优势。消费者能够更直观地了解到企业的文化内涵、经营理念和产品性能等，与消费者有一定的互动。标志设计就是其中的一种最为重要的标示性视觉符号。

标志是打造品牌的一项重要元素。标志设计如同人们的名字，是属于个体的代号。标志属于企业本身，是企业及产品对外传播最直观的视觉元素。标志是VIS视觉形象的核心，它体现了企业的内在气质，同时成为传播、诉求大众认同的统一符号，视觉形象识别系统均由标志延伸而来。标志设计是为品牌和产品服务的，标志设计是一个品牌的体现，需要一个具有独特性和创新性的记号来区别于其它同类品牌。有了对企业的全面了解和对设计要素的充分掌握，可以从不同的角度和方向进行设计开发工作。通过设计师对商标、标志的理解，充分发挥想象，用不同的表现方式，将设计要素融入设计中，商标、标志必须达到含义深刻、特征明显、造型大气、结构稳重、色彩搭配能适合企业，避免流于俗套或大众化。不同的商标、标志所反映的侧重或表象会有区别，经过讨论分析或修改，找出适合企业的商标、标志。

标志的设计随着社会的不断发展，对其专业性的要求越来越高、越来越多元化。标志设计不仅是实用物的设计，也是一种图形艺术设计。它与其它图形艺术表现手段既有相同之处，又有自己的艺术规律。它必须体现前述的特点，才能更好地发挥其功能。

在进行品牌推广的过程中，标志所扮演的角色非常重要，它的出现代表这个品牌的面世，设计师在进行标志设计的时候，需要考虑多种因素，或者是企业所具有的内在文化，更高的要求便是还要融入当地文化，使品牌在传播的过程中更清晰、有效、更快捷、更容易被大众记住。所以，品牌标志是公众识别品牌的指示器。风格独特的品牌标志是帮助消费者记忆的利器和航标。例如，当消费者看到三叉星环时，会立刻想到奔驰汽车；在琳琅满目的货架上，看到“两只小鸟在巢旁”，就知道这是雀巢咖啡。辨认花费的时间越短，说明标志的独特性越强；反之，则说明标志的独特性和醒目性不强。

当人们看到摇篮，就会想到可爱的婴儿，摇篮是小孩的一种存在标记。不管是在通信不发达的古时候还是在迅速发展的当今社会，摇篮这一事物永远都是婴儿的象征及一种会给人带来视觉识别性的信号，同时也是一种标志。它的存在，给父母带来了很多方便性，婴儿在摇篮里的是另一种生活方式。这种非语言传送的速度和效应无论古今都有着很大的影响和作用。当今，这种非文字的传播手段尤其是标志的应用和传播更是得到了企业的认可。标志以一种简洁的图形形象展现其企业的文化内涵和经营理念。能让消费者在第一时间更快更清晰地了解其企业的信息。而且这种图形化的语言不但不受不同民族、国家语言的束缚，而且还能更好地适应不断加快的现代生活节拍，是任何其它视觉语言或是文字都无法替代的。

二、标志设计的表现手法多样性

简单明确的信息，只是让受众对我们的标志产生了认知，但对于受众来说，认知和识记还是有一段距离的。标志设计的创作有多种表现手法。通过各种表现手法的不同以及不同诉求对象的接受能力，我们可以看到不同的标志设计类型。

（一）文字标志

文字的主要功能是在视觉传达中向大众传达作者的意图和各种信息，要达到这一目的必须考虑文字的整体诉求效果，给人以清晰的视觉印象。因此，设计中的文字应避免繁杂凌乱，使人易认、易懂，切忌为了设计而设计，忘记了文字设计的根本目的是为了更好、更有效地传达作者的意图，表达设计的主题和构想意念。

文字的设计要服从于作品的风格特征。文字的设计不能和整个作品的风格特征相脱离，更不能相冲突，否则就会破坏文字的诉求效果。同时，在视觉传达的过程中，文字作为画面的形象要素之一，具有传达感情的功能，因

而它必须具有视觉上的美感，能够给人以美的感受。字形设计良好、组合巧妙的文字能使人感到愉快，留下美好的印象，从而获得良好的心理反应。反之，则使人看后心里不愉快，视觉上难以产生美感，甚至会让观众拒而不看，这样势必难以传达出作者想表现出的意图和构想。文字标志多是以企业简称、首写字母、活动主题名称、人物或商品名称为主，企业或商品信息都在字体的音、形、意中准确表述出来了。如经典案例麦当劳的标志，就是以一个大写的英文字母 M 变形而来，而国际知名企业 IBM 的标志则是用企业全称各个单词的首写字母缩写而来。除去国外品牌使用的文字性标志，我们国内中文的设计也有单纯以文字来作为标志的案例，如 2002 年广州举办的世界羽毛球大赛，就是以“广州”两个字的变形和“2002”相结合创作的优秀案例，而“广州 2010”的设计也是如此，北京 2008 年奥运会的“京”字设计，就是典型的文字设计型标志。这些通过文字来展示标志特点的设计，在表达含义上都相对较为准确，能把信息准确传达给受众，也能通过文字的图形化将审美性表现出来，而且其运用的领域不受行业特点的限制，是现在标志设计常用的表现方法。

（二）图形标志

标志设计要在细小范围中反映具体的艺术特征，给人以美好、动人的形象，必须具有和谐、悦目的形象。图形是构成标志的重要组成部分，也是设计中不可忽视的，是标志最后成败的关键。正如音乐先讲究节奏、旋律和音响，而后才有音色美。诗讲究格律、音韵和诗意，而后才有诗味。标志也是一样，必须讲究组织格式和运动变化，而后才有图形美。所谓图形美，并不单是外在的美，还应有意象的内在美。从设计构思到组织形式，善于运用构成法则的运动变化，发挥单纯的和谐美。图形美并不像一般图案那样用添枝加叶的填充式手法，而是巧于利用结构的简化、形象的净化，强调强化和精简的艺术处理。要产生一种特有的标志造型美图形标志设计的选择就可以有各种类型变化，可以是具象型的图形，也可以是抽象型的图形。

1．具象型的图形

具象艺术作品中的艺术形象都具备可识别性，如希腊的雕塑作品、近代的写实主义和现代的超级写实主义作品，因其形象与自然对象十分相似，被看作这类艺术的典型代表。具象艺术广泛地存在于人类美术活动中，从欧洲原始的岩洞壁画，到文艺复兴时代的宗教壁画；从印度的佛教艺术，到中国的画像砖石，都可以看到这类艺术作品，至今它仍是美术创作中重要的艺术风格，欧洲古代的模仿说，中国古代的应物象形说，达•芬奇等人的言论都是具象艺术有名的理论表述。

对人物、动植物、宇宙现象或自然景物等具体形象进行简化、修饰、夸张等表现手法的装饰、含义都比较准确，图形相对具体，如中国国际航空公司的标志，就是以动物为原型来进行的设计；2008 年羽毛球比赛的标志，则是以羽毛球为设计原型来做的创意。由于高职院校的设计师在入校前大多都没有接受过绘画的基本功训练，这种方式的表现手法或多或少地需要一些基本功，所以在选择上，这种表现手法没有文字型标志易于掌握。

2．抽象型的图形

在视觉传达设计当中，抽象图形是一种十分关键的表现形式，也是信息传播的重要途径。

抽象图形指的是事物的抽象形态，也就是从自然形态和具象事物当中剥离出来的相对独立的基础属性。在视觉传达设计当中，抽象图形所体现的是针对具体事物的概述及表达，从而展示出更加高层次的思想行为活动，属于超出自然形态的人为形态。抽象图形无法直观地展现出形态的实际含义，而是一种感觉和意象。在视觉传达设计当中，抽象图形主要是依赖几何形态的模式而呈现的，几何图形自身就具备了抽象性的特点。

用点、线、面、体所构成一定的几何形态、有机形态和无机形态，时代性强，传播方便。如建屋国际酒店的标志设计就是利用了几何元素的形态和中国传统文化中祥云纹的变形而来，只要能把握好绘图工具如：圆规、三角板、直尺、鸭嘴笔、马克笔等的使用方法和尺度，就能创作出好的作品。

三、标志设计分类

（一）动态标志

1．动态的特征

动态标志设计可以说是通过在特定的时间、空间等维度中可发生变化的进行运动的符号或者图形，表现其某一事物的特征。动态标志的本质是将静态的标志加上变化的要素在特定的时间和空间中表现动态的形式。可以说动态标志是标志与动画的组合体。它把标志的简洁而不简单的符号表现形式运用在动画这种在视听觉三方面都极具吸引力的媒介中，促使企业更好地展现其品牌形象的魅力。从动态标志设计的基本应用形式上来说，动态标志的应用还是有局限性的，动态标志无法直接取代原有静态标志的使用，如显示区域与原标志相比过大，一般的标志动画在应用时重复播放性较差等。

动态标志相较于传统静态标志有着更强大的生命力和发展空间，它通常具有以下特征：由运动的元素组成或含有动态要素；拥有变化性和不稳定性；标志的整体呈现通常需要借助电子媒体；更具识别性、突出过程性和情节性；更人性化；功能性强。调查显示，运动的物体总是能够在同样的空间、时间的维度下先进入人的视线。这是人类自降生那天起就与生俱来的本性。由此可见，标志设计体系不再局限于平面静态的形式，而是根据不同需要向三维立体和动态形式发展。同时，以高科技为主导地位的信息时代，促使我们形成新的审美意识与审美观念。技术的成熟，以及新媒体的快速成长，使得动态标志的开发和发展有了可能性与实质性。

2．国外动态标志设计现状

动态标志设计作为品牌形象传播的一种手段，它不再是以一个图形独立承担品牌形象或企业形象的代言任务了，VI 系统的应用，使标志形象的概念延伸到了标准色彩辅助形。品牌的形象不再是单一的标志图形，它涵盖了与标志图形相关的辅助形、辅助色等。这为品牌形象的树立和传播提供了一个更宽阔、更立体的空间。人们在对标志的识别过程中，也不只局限于对单个标志符号的认识、特定的色彩或色块组合、标志形态的延伸，而且传播的力度更强、范围更广、含义更深。发达国家总走在设计的前沿，动态标志的设计及运用也已经有相当多的领域。很多品牌或机构也纷纷将静态标志更换成更具时代感的动态标志，改变原本单一、固定的标志，在与时俱进的同时，将标志的实用性发挥得更加淋漓尽致。

2000 年汉诺威世博会标志的诞生，在设计界引起强烈的反响。这个被称为“会呼吸的标志”，让我们惊讶、激动、继而赞叹。它是一个能根据不同场合改变结构与色彩的波纹图形，在整体结构不变的情况下，时刻呈现出不同的运动状态，变化样式超过 456 种。它无比动感，让人无法预知下一秒的形态。这个动态标志的产生在不缺乏视觉美感的同时，向大众传达了比静态标志更深广的内涵和意义，完全符合汉诺威世博会的主题“人类、自然和技术”。在如今看来，也丝毫没有过时的味道。一个好的动态化标志正是色彩、形态、文字和动态之间达到一种守恒，无论从外观视觉，还是从内涵理念的表达上，都更加生动、绚丽，更具感染力。

（二）圆形标志的国际性与民族性

1. 圆形标志的国际性

随着历史的发展，“圆”一直被认为拥有一种神秘的力量，因为从太阳到月亮等很多自然事物，都是圆形，象征着自然与生命的意义。现在，很多人将其运用到建筑、工业设计及平面设计等各种领域当中。其中 logo 设计也不例外，像星巴克这些知名企业都选择圆形的 logo 来进行设计。跟大家分享一些世界上圆形的知名品牌 logo 设计。人类最早是从太阳、月亮得到圆的概念，世上第一个人工“圆”其实是个孔，就是“石器钻孔（圆）”。所以，人类对圆形的认识和研究由来已久，古代埃及人认为，圆，是神赐给人的神圣图形。

2000 多年前，我国的墨子给圆下的定义是“一中同长也”，意思是说，圆有一个圆心，圆心到圆周的长都相等，这比希腊数学家欧几里得给圆下的定义要早一百年。人类因生活在一个圆形的地球上，又有圆形的太阳和月亮

相伴，所以有很多圆形标志设计具有一定的国际性，表示该组织或企业愿与其它国际间和平、友好往来，共创美好前景。如“奥运五环”环环相扣，象征着五大洲人民的团结，共振奥运精神。“中国东方宾馆”标志，把“东”字变形成一个地球的图案，表示这个宾馆为来自全球的宾客提供优质服务。国际航空运输协会标志、国际汽联标志等，这类标志的外观造型多与地球图案有关，而含义都具有一定的国际性。此外，圆形的logo在实际应用中会比其它图形的logo更加方便应用。无论是海报名片，还是像互联网中各个社交媒体的头像。比如在微信或者微博中的头像中一般都会选择圆形的图案。这只需要将设计好的logo设置成透明的背景即可。但如果是长方形或者其它形状免不了要设计师进行调整或者重新设计才能使用，不然就会出现显示不全或者是图片变形的情况。

2．圆形标志的民族性

“圆”在中国传统文化中是一个颇为丰富的字，我们祖先在认识圆的同时也赋予了其诸多美好的寓意和哲理，如圆满、周全、团圆，圆润和谐、花好月圆的意境，外圆内方的处事之道等。在我国很多传统标志设计作品中或多或少地受到先秦美学的影响，形成具有含蓄、寓意、礼仪三大要素的民族审美特点。所以，在我国标志设计中，有很多图形基本上是“图必有意、意必吉祥”的标志设计作品，并深受客户喜欢，如“硬笔苑”标志，就是用两个拼音字母“Y”构成一支钢笔苞，外形为圆形，其一表示该报编辑部工作人员团结一致做好编辑工作；其二是把读者、作者、编者紧紧联系在一起。

四、标志设计艺术

标志是一种具有象征性的大众传播符号，它以精练的形象向人们表达一定的含义，它以单纯、显著、易识别的物象、图形或文字符号为直观语言，还具有表达意义、情感和指令行动等作用。通过创造典型性的符号特征，传达特定的信息。标志作为视觉图形，有强烈的视觉传达功能。它是一种国际化的语言，所以，在世界范围内，容易被人们理解、沟通、使用。标志有不同的对象和种类，根据功能和分类有许多用途。标志主要包括商标、徽标和公共标识。它被广泛应用于现代社会的各个方面，同时，现代标志设计也成为了各设计院校或设计系所设立的一门重要设计课程。

当今社会，现代传媒充斥、包裹着我们的生活，图像已成为构成我们生活的基本元素和把握世界的基本方式。在这个缤纷的图像世界里，企业或品牌要想留下自己的身影并不是一件容易的事。标志设计以其直接、快速的视觉信息传播特点成为一种有效的传播工具，受到社会的普遍重视。从传播的角度来看，标志越特别、简明，越容易被感知。简明并不等于简单。阿恩海姆认为视觉艺术不是诸元素的简单相加或者某种机械复制，而是对有意义的整体结构式样的把握。根据这一说法，一个标志给人的感觉简明与否主要是看其“有意义的整体结构”的感受，而不是按其有几个造型元素来确定的。

作为一个成功的设计师始终要记住一点，设计必须以人为本，得让大多数人在欣赏设计的过程中，能够感受到你的设计意图，标志符号是现代生活中不可或缺的信息载体。标志所传达的信息能否被公众所接受、所认同，取决于标志是否能被受众识辨和理解，这就是标志的识别性。所以识别性是企业标志的重要功能之一。市场经济体制下，竞争不断加剧，公众面对的信息纷繁复杂，各种 Logo 商标符号更是数不胜数，只有特点鲜明、容易辨认和记忆、含义深刻、造型优美的标志，才能在同业中凸显出来，不然就会被知识的海洋所淹没。

标志设计所反映的品牌内涵和所用的图形语言，二者是内容与形式的关系，是互相依存的一个有机的统一体。空玩形式，搞得再好看也反映不出内容来，也只能是一个无生命的空壳，从传播的角度来说是毫无意义的。反过来，虽能准确地把握内涵，却只会用几个符号的简单罗列，那也一定是蹩脚的、失败的，看上去一定是乏味的、混乱的和没有结构的。这种设计只是在“写设计”或图解概念。好的标志设计表现形式应该是一个完美的形象图形，是在准确把握品牌内涵的基础上的再创造，这个图形应该独具个性、引人注目。

它能够区别于其它企业、产品或服务，使受众对企业留下深刻印象，从

而提升了logo设计的重要性，为企业赢得效益；标志设计要符合形式美法则，标志的形式美是影响标志信息传达的重要因素，要想给人以美感、动人的形象，就必须具有和谐、悦目的形象。图形美是构成标志的重要组成部分，也是设计中不可忽视的，是标志最后成败的关键。标志的图形主要意义在于识别，服务于大众传播。这样通俗易懂就很重要，我们知道，只有受众理解了的东西才容易记忆。知觉和记忆总是一个相互交织而不可分割的统一体。一般情况下，人们辨别一个图形总是自觉地将它与记忆仓库储备的同类或相近的事物加以比较归类，以寻找其位置、确定其性质，这在心理学上叫视觉“预先匹配”现象。这种现象是图形语言得以正确传播的基础。我们要自觉地利用这一现象，准确传递我们的图形信息。但同时我们也要注意到：知觉对象同记忆中的标准意象吻合时，虽然认知度高，但却缺少视觉的刺激性，难以引起人们的注意。这样我们的图形就要对记忆中的标准意象母体，制造某种程度的“破坏”，使知觉充满活力，易于注目与记忆。设计的图形既要易于理解，使人一目了然，又要饶有风趣，以平托奇、过目不忘。

在追求标志设计的形式美时，不应忘记内容对形式的决定作用，只有在兼顾内容和形式关系的前提下追求标志的形式美，才能设计出美的成功的标志作品。必须讲究组织格式和运动变化，而后才有图形美。所谓图形美，并不单是外在的美，还应有意象的内在美。这是从设计构思到组织形式，善于运用构成法则的运动变化，发挥单纯的和谐美。图形美并不像一般图案那样用添枝加叶的填充式的手法，而是巧于利用结构的简化，形象的净化、强调强化和精简的艺术处理，以便产生一种特有的标志造型美，所以说标志设计既要造型美，又要符合表现的中心思想，这样的标志才是一个成功的标志。

作为一种表现方式，抽象和具象表现在标志设计中起到不可忽视的作用。

因社会人群的不同，对标志图形的理解就会不同，设计师和普通民众的认识就会有差异。这样就要求标志设计的图形有多层语义结构。2008年申奥标志，一眼就可看出是一个运动的人形，再往深看可依次识别为：打太极拳——联想到中国传统体育文化；中国结——联想到吉祥、美好、中国文化；

奥运五环——联想到奥运会、世界体育；五角星环扣——联想到2008年在中国北京举办；整个图形视感觉和谐动感——表达了奥林匹克更快、更高、更强的体育精神等不同层次的意念。当然未必每一位受众正是按设计师认为的顺序感受的，我只是想说明感受是会分层次的，要注意这一点。设计时还要考虑各层意思的递进关系，不要几层意义有相悖的情况。很多标志是用首字母或字母缩写为元素去设计，就是考虑了最浅的一层，起码一眼看上去就和品牌的名称建立了联系。传达品牌理念和风格的图形语义要从其它层面去寻找。具象的表达世界是人类客观地反映世界的原始需要。

人们需要客观世界提供稳定的或确定的具体物象，从而才能认识和判断在物理上的外部世界。具象表现是忠实于客观物象的自然形态，对客观物象采用经过高度概括与提炼的具象图形进行设计的一种表现形式。它具有鲜明的形象特征，是对现实对象的浓缩与精练、概括与简化。具象艺术的突出特点首先是它的视觉真实性或客观性，即按照我们所看到的世界的样子来描绘对象。具象的标志具有图形的通俗性与高度清晰的识别性，表现较为自由，充满个性，容易以清新、明快的视觉形象传达标志的精髓而为受众者所接受。在造型艺术领域和设计美学领域探讨中，通常所说的具象是指客观存在的形态，具有自然形态的特性和特征，如动物、植物、风景、生活物品、人物等，这种自然具象形态具有现实性、直观性。虽然具象艺术强调再现性，但并非只是处处原封不动地描摹我们所看到的客观事物的样子，而是艺术家利用美术的语言，并按照创作需要和美的规律与法则，对现实生活进行高度概括和综合的艺术处理。在现代标志设计中，具象类图形设计与其它几种图形设计相比在实际运用中显得薄弱，其独特的表现特点、艺术特点与传播优势并未得到有力的发挥。标志是一种信息载体，接收对象是广大的人民群众。具象类标志设计，由于其直接描绘客观对象形态特征的具象造型手法具有强烈的识别性，能够获得更加直观、充实、感性的视觉效果，适当运用可以实现以人为本的标志设计的个性化、风格化、艺术化，容易以清新、明快的视觉形象传达标志的中心思想而为广大的人民群众所接受。

第三节 工业产品标志设计的表现技法

企业形象识别系统标志是企业的脸面，是区别于竞争对手最好最直接的手段。企业强大的实力、完善的管理、优质的产品和服务，都浓缩于一个看似小小的标志中。企业标志是通过造型简单、意义明确的统一标准的视觉符号，将经营理念、企业文化、经营内容、企业规模、产品特性等要素，传递给社会公众，使之识别和认同企业的图案和文字。企业标志代表企业全体。对生产、销售商品的企业而言，是指商品的商标图案。

企业标志是视觉形象的核心，它构成企业形象的基本特征，体现企业内在素质。企业标志不仅是调动所有视觉要素的主导力量，也是整合所有视觉要素的中心，更是社会大众认同企业品牌的代表。因此，企业标志设计，在整个视觉识别系统设计中，具有重要的意义。

一、文字类标志设计的表现技法

当今人们的生活节奏日益加快，科学技术飞速发展，市场经济空前繁荣，信息传播变得日益发达和重要。在这种大的时代背景下，作为视觉语言的标志以其直观、形象、快捷、不受语言文字障碍约束等优势被大量使用。文字作为一种符号系统，是标志设计中重要的视觉传达元素。文字在标志设计中既能起到装饰标志的作用又能起到传达信息的作用，是文化与艺术、内涵与形式的综合体现。文字在标志设计中应用的优劣，直接影响标志的视觉传达效果。目前，对于文字与标志设计各自领域的研究已经相当成熟，但对于文字在标志设计中的应用还需深入探索。

文字类标志设计往往以标志名称的全称（中文全称、英文全称）、标志名称的字首（中文字首、英文字首）以及标志名称与其字首的组合等为素材切入，主要包括汉字标志、拉丁字母标志和数字类标志等形式，在具体设计中又有相应的表现技法。具体有以下几种：

（一）汉字标志表现技法

文字标志的主要功能是向大众传达标志的信息，为达到这一要求，必须考虑到文字的表达效果，力求展现出清晰、鲜明的视觉形象。因此，标志设计中的字形应当避免太过杂乱，其根本目的是为了更高效、更便捷地传递其易识别的效果。文字在标志设计中是表达思想内容的视觉符号，从文本的思想内容出发，在栩栩如生地表达出某种精神、情感、思想的东西时，往往采取不同创意的文字设计来表达。

（1）用标志名称汉字的美术字形式构成标志。汉字美术字的具体形式主要有宋体字、黑体字以及由黑体字和宋体字变化而成的种类繁多的变体字。这类设计主要是根据设计主题及内涵，对选定的汉字进行美术字设计，进而构成标志。其设计原则是除了保持字形的可辨性外，还要力求达到清晰、明快和强烈易识别的特征。具体方法有：用汉字的合成美术字形式构成合成字标志。用汉字的合成美术字形式构成合成字标志有两种方法：一是对文字的笔画、结构、外形进行单纯的加工、变形，具体的技法是笔画共用、笔画夸张连接、线连接等。要点是要找到汉字笔画之间可供联系的部分。二是在对文字的笔画、结构、外形进行笔画共用、笔画夸张连接等合成加工、变形基础之上，加上文字的图形化处理，主要方法是添叠、置换等。

汉字是由图像发展变化而成的，方形字体本身就是象形字，仅仅通过我们的眼睛去观察字形，就可以了解汉字所要表达的意义。汉字的表意性非常强大，其形体通常可以直接传达出它的意思，如“山”“高”这些符号具有直接的表意特点，这是容易理解的。一些字形经过分析可以快速被理解和记忆，是因为汉字的绝妙之处在于神似，汉字通过变形，与标志之间产生联系，不仅可以保持标志的唯一性，还可以更好地传达信息，这需要通过敏锐的艺术观察力来实现。

（2）直接用汉字的美术字构成连续字标志。不用合成美术字的笔画共用、笔画夸张连接、线连接等方法，字与字彼此分开，但形态风格统一。直接用汉字的美术字构成的连续字标志，如将汉字不加修饰地连在一起，就会给人

平淡、表现力贫乏、难以记忆的感觉。因此直接用汉字的美术字构成的连续字标志设计应在字形、字体的选择与装饰上下功夫。方法有：添加背景图案；对每个文字的笔画、结构、外形进行单纯的加工、变形；文字的图形化处理。主要方法是添叠、置换等。

色彩能激发受众的联想和情感共鸣，色彩的使用能够更有效地传达标志的视觉诉求，引起人们的注意，最终影响人们的决定。通常运用色调给人的视觉刺激和心理感受，能够引起人们观看标志的兴趣。例如，暖色调红、橙、黄以及对比强烈的色彩，能够给人以兴奋感，能够马上吸引人的注意力，使人对广告产生兴趣。蓝色、绿色以及其它色彩亮度、对比度较低的色彩，不能在瞬间产生强烈的视觉冲击力，却给人以冷静、稳定的心理感受，适合于高新技术产品的特性。使用颜色鲜艳活泼的色调，可以产生令人愉悦的效果。

（3）以汉字美术字的巧妙组合构成纹样式标志。用一个或多个美术字做二方连续组合或圆形适合纹样或其它外形的适合纹样来构成标志，这种方式设计的标志，形式感强，端庄统一，富于节奏美感。

（4）用标志名称汉字的书法及篆刻形式构成标志。中国书法、篆刻博大精深，真、草、隶、篆、行洋洋大观，每一种字体都体现出各自不同的美。篆书的清丽古朴，隶书的雍容高雅，正楷的端庄大方，草书的奔放流畅，这种美正是我们在商标标志设计中所刻意追求的。把传统的书法、篆刻运用到现代商标标志的设计中应注意既要保留书法篆刻特定的形式美和书写的规律习惯，又要经过一定的加工变化，使之符合现代商标的各种特征。如北京大学的校徽，是我国著名的文学家鲁迅先生设计的。这个校徽设计用篆字“北大”二字组合在一起，用中国印章的格式构图，使“北大”二字适合在圆形中。这里篆字“北大”已经过加工变化，字的笔画安排均匀合理、排列整齐统一，减少了书法中篆书用笔的随意性。整个造型结构紧凑、明快有力、朴素大方，透出浓厚的书卷气和人文风格。

（二）拉丁字母标志表现技法

拉丁文是国际社会通用的一种文字形式。拉丁文字的设计是将英文文字从单纯理性的阅读符号，转换为有视觉表情的形象。这种转换越明显，拉丁文字的图形文字的醒目度就越强，消费者也更加容易被它吸引，这种表现首先体现在拉丁文字的视觉形式上，就其形态的角度而言，形式美感的表达极为重要，其最为突出的特点就是简约、流畅与动感。

世界上很多国家用拉丁字母作为组成自己文字的元素，很多种语言由此派生出来。拉丁文的商标标志可以被世界上大多数国家所接受，因而非常流行和通用。拉丁文和汉字的发展规律一样，长期的历史发展和演变形成了多种字体形式和书写规律。如罗马体、歌德体、自由体等。各种字体都有其独特的审美价值和艺术趣味。运用拉丁字母设计商标标志同样应从字形、字音、字义这几方面去考虑。

中文字体的设计方法同样适合于拉丁字母的设计。对拉丁字母进行设计时，拉丁文字标志设计的形式语言包括很多要素，如点、线、面、色彩等。利用这些要素来对拉丁字母进行设计，形成简明易认的视觉形象。

从字形方面看，拉丁字母的笔画简单，呈几何形，在商标标志的设计中有利于发挥平面构成等组织因素，根据内容和形式的要求，对字母的笔画、结构、外形进行加工或重新组织。笔画和字体是构成视觉形象的两个主要因素，设计时，要充分考虑到两者之间的关系，字母笔画的厚度直接影响了正负形的关系对比。字体由于笔画的差异，也呈现出空间关系上的不同风格。粗笔画，字体厚重，具有强烈的视觉冲击力；细笔画，文字精简、细腻。笔画粗细相同的字体具有较强的识别性，同时，加大笔画粗细的对比，文字标志可以产生更为强烈的展示效果。从字音字义上来看，拉丁字母应按严格的规律构成整体的字词，阅读这些字词是有顺序的。可以水平阅读，也可以垂直阅读。但不能逆向阅读。因此在商标标志中字母的先后和上下设计应严格按照单词固有的顺序来设计，特别是缩写或简称字母，不能像图形商标那样被设计成从多方向来看。字母或单词的组合和变化可产生多种多样的商标标志形式。

拉丁字母作为一种信息符号，除具有简明易认的设计原则外，再一个就

是新颖美观的设计原则。通过将拉丁字母进行特殊的美化，来传达其本身所彰显的情绪性格。以单字母构成标志，这种形式一般是取标志名称的英文字首变化设计而成。特点是简明、突出，便于传媒的使用和制作；引人注目，易于识别和记忆。因此，很多拉丁文商标标志采用这种形式。

文字与图形在人类漫长的造物文明中，一直是相辅相成的，可以说是“书画同源”。文字和图形互为设计原型，文字的外形是由象形图案简化而来的，而图案又是由无数的笔画结构组合而成的，依据此种表现手法设计的标志，可称为图文同构的标志；按图形与文字的关系和组织方法的不同，可分为文字图形化标志和图文组合化标志两种类型。这些表现手法时常出现在文字标志设计中，并得到了广泛的运用。

排列所形成的规律中，有意识地夸张某个字母的某一笔画，进而与其它字母连接成合成字，突破规律性的单调感；线连接，用线形态自始至终巧妙地将几个字母连成一体，构成合成字标志；字母夸张变形，即在字母整齐排列所形成的规律中，有意识地夸张变形某个字母，突破规律性的单调感；正负形，利用正负形巧妙地将几个字母连成一体，构成合成字标志；重叠，将字母叠加在一起形成透叠、差叠等新的图形。

以拉丁字母美术字的巧妙组合构成纹样式标志。用一个或多个拉丁字母美术字作二方连续组合或圆形适合纹样或其它外形的适合纹样来构成标志，用这种方式设计的标志，形式感强、端庄统一，富于节奏美感。

（三）数字类标志表现技法

数字类标志的设计是根据特定的名称，由单个或多个数字组合而成的商标。设计这类商标标志，同样应在字音的协调、字形的选择装饰上下功夫。如英国著名的“555”牌香烟用三个数字“5”的罗马体组成商标，结合外圆的装饰花纹图案，组成了一个造型古拙、美观大方的标志。又如我国著名的“三九胃泰”以“999”为商标，取中国农历冬季三九天的谐音，在形象设计上与英国的“555”牌香烟有异曲同工之妙，而在创意上却又更胜一筹。

文字标志在包装设计中要能够直接回答顾客最关心的问题。产品的性能、使用方法和效果通常不能直观显示，往往需要用文字标志来辅助表达。包装上的文字标志设计首先应当立足产品，传递产品和品牌信息，并以顾客的心理预期和诉求为出发点。

文字类标志是标志中的一种重要形式，而且近年来在标志设计中逐渐成为一种流行趋势。无论采用什么样的形式，文字类标志设计一定要遵循功用性、识别性、显著性、艺术性、准确性、通用性等原则，追求凝练、单纯之美，只有这样才能达到引人关注的目的。

二、基于信息传达的标志设计方法

标志设计的目的在于实现信息的及时有效传达。从信息理论的角度出发，思考如何实现标志信息的及时有效传达，有助于更好地进行标志设计。人类社会总是不断由低级形态向高级形态演进。世界杰出未来学家阿尔温·托夫勒依据社会生产力准则，把人类社会的发展形态划分为农业社会、工业社会和信息社会。世界著名未来学家约翰·奈斯比特指出“虽然我们还是认为我们生活在工业社会，但事实上我们已经进入了一个以创造和分配信息为基础的社会”“在信息社会里，起决定性作用的已不是资本而是信息，信息已经成为生产力”。

（一）信息理论的定义

在工业革命前，人们的生活环境范围比较狭窄，人员的地区流动性很低，商业活动并不活跃，信息交换的渠道自然就很少，信息交换的密度与数量都非常有限，人们能够有相对充足的时间和精力来接收信息。而进入工业革命时期，机电技术的发展促进了交通工具和通信工具的飞跃发展，人员流动和商业活动不断增加，人们可以从报纸、广播、电视等众多的传统媒介渠道获取大量的信息，尤其是第三次工业革命以后电子计算机和微电子技术的广泛应用，促进了信息储存和传播技术的高速发展，把人类带入了信息时代。

当人们还沉浸于工业文明所带来的优势时，时光又悄然地把人类带入了信息时代。现如今，科学技术的发展与人类社会的各方面知识需求量与日俱

增，技术、知识更新速度之快令我们在感叹之余又有一丝担忧。信息设计算是视觉传达设计的一个分支，是近几年独立出来的一个新兴学科，或许这个名字还没有完全被大众所接受，还存在迷惑和质疑，但是它带给我们的意义却是不可估量的。其实在我们日常生活中随处可见这方面的信息，比如我们出行马路上不可缺少的导视牌、地铁线路图等，可谓是无处不在。这是对信息发送者和接受者之间最好最直接的沟通，信息传达是沟通的最直接的目的，其它目的都是通过达到这一目的才得以实现的。在这样的信息时代，面对各种渠道的信息，作为接受者的我们除了要获取大量的信息资源，对这些信息进行有形无形地处理，还要将这种获取、选择、处理信息的能力在每个学科中普及，以便于更好地在众多信息中快速、正确地吸取有用的信息，摒弃无用的信息。

具体来说，信息理论是以信息为主要研究对象、以信息运动过程为主要研究内容、以信息科学方法论为主要研究方法、以扩展人的信息功能为主要研究目标的一门科学。

（二）信息设计与信息传递的手段

“信息设计”第一次作为专业术语被使用是在20世纪70年代，提出信息设计的主旨是“进行有效能的信息传递”。传统中信息传递主要是以平面媒体作为承载的主体，因此平面的、静态的图形是信息设计的主要形式。随着人类社会文化和信息技术的不断发展，信息传递的媒介也越来越多样化，计算机和多媒体以及多维度、多通道技术的应用为信息的传递提供了前所未有的可能性和表现力。信息设计师不仅要理解信息本身，还要清晰地知道信息是如何传递，信息又是如何被受众接收、理解并储存的。信息设计是一门高度综合性的边缘学科，其包括了社会学、传播学、认知学、人机交互、图形学、视觉美学、计算机软硬件技术、网络应用技术、视频识别、人工智能等多方面的知识领域。在新时代的信息设计领域当中，动态和具有交互功能的信息图形会更加有利于表现复杂而多变的信息结构，为用户提供轻松友好的信息接收体验。

从一定程度上讲，视觉传达设计就是“图形语言化”和“语言化图形”的过程。为了达到信息传达的目的，我们需要始终不渝地寻找、挖掘并创造出最佳的视觉语言，借以表现传达自我的设计理念和艺术主张。19 世纪到 20 世纪的许多艺术和设计运动都是以探索视觉语言新形式为基本目标的，一种新的形式往往就是由反传统的艺术通过反对过去时代的艺术而创生的，“工艺美术运动”“新艺术”“现代主义”“波普设计”和“后现代主义”等流派的设计运动在形式方面的试验与革命，以及为寻找并获得体现时代特征的形式和视觉语言而进行的探索都说明了这一点。在选择图形、文字、色彩这三大视觉元素来传达信息时，应该突破一般视觉所习惯的东西，力求以简约化、符号化的形式表现最为丰富的内容。视觉传达设计的创新其实就是对视觉语言的创新。

（三）信息设计及其范畴

信息传递的目的是交流，交流研究是在认知的基础上理解人们如何传播信息、分享观念，以及通过语言或者其它形式处理分析信息。这就是信息设计的交流原则。交流研究的范围很宽泛，并且还在不断地扩大并贯穿于多个学科领域。同时，对信息设计的研究目的，还是扎根于视觉设计，从古至今，设计的出发点主要关注的一直都是对信息的视觉呈现，这在一定程度上也极大地扩展了传统的美学技能。以视觉标准为支撑，以逻辑性为框架，再填充创作的热情，对于这些原则的合理应用可以在受众与信息传递之间搭起一座桥梁。

信息理论所特有的研究对象，继而又决定了信息理论必然有其自己特有的研究内容信息的性质及其运动规律。由于信息的外延十分广泛，在横向上伸展到自然界、人类社会和人类思维的各个领域，因此，以信息为研究对象的信息理论，其研究内容非常丰富。主要包括信息的基本概念和本质、信息的数值度量方法、信息的运动规律等；还包括揭示利用信息来描述系统和优化系统的方法和原理、寻求通过加工信息来生成智能的机制和途径等。此外，

信息环境、信息商品、信息产业的结构及其发展机制，也是信息理论的研究内容。

设计师可以通过各种的表现方法来完成各种的信息传达任务，有的是单纯的数据可视化，目标是把复杂或大量的信息变得有条理和容易被准确理解，如数据图表、统计表和科学插图；另一些是为了表现一些非数据和文字性的抽象概念，通过简练的图标或者是把复杂的概念形象化、视觉化，如男、女卫生间的图标、交通标志。无论通过哪种表现方式，信息设计就是设计用户接收信息的体验过程，而信息的传递包括了结构、表现和情感三个层次。所谓的结构，就是指信息的本体内容；表现就是信息的传达是否通过适当的方式被用户准确理解并接收；而情感就是指用户在信息接收过程中或之后所产生的心理感受。

在标志的信息传达过程中，既然不可避免地存在着噪声，那么就要尽可能地减少噪声的干扰。因此，设计师在标志设计之前，应分析可能存在的噪声，进而寻求减少噪声的有效方法，最大限度地减少噪声的干扰，从而保证标志的信息传达效果。在信息社会中，信息具有基础性的地位，起着决定性的作用。从信息的角度考察标志设计，是在信息社会下对标志设计的正视。标志设计作为一种信息设计，其目的是信息传达。从信息传达的角度，来寻求标志设计的方法，将有助于丰富标志设计的理论，进而为标志设计的实践提供参考。

信息理论的具体研究对象，多是存在信息和信息系统、信息现象占主导地位的事物。这一类事物的普遍特征是：它们一般都属于高级的运动形式和复杂的系统，如人类智力活动、人类社会等。一方面，这些事物的结构往往十分复杂，很难用常规的方法来弄清它们；另一方面，这些事物所包含的物质和能量关系往往又不能反映出事物运动的本质。既然在这类事物中，信息起着重要的作用，那么就可以用信息的观点和方法来寻求问题的解决思路。

第五章　工业产品造型艺术设计

第一节　工业产品造型设计的定义

在工业发展的进程中，几乎世界上每个国家都是先认识到产品技术设计的重要性，然后才逐步认识到产品造型设计的重要性。随着人类社会的发展，科学技术的进步，文明程度的提高以及市场的激烈竞争，人们已认识到产品设计离不开产品的造型设计，是整个产品设计中不可缺少的重要环节。

在我国经济日益增长的过程中，各项工业产品的稳定发展也为其贡献出了一份重要的力量。工业产品的造型设计可以说是我国工业发展的基本保障，工业产品的造型设计是识别企业统一的产品的具体形象体现，它代表着企业的良好形象，体现的是企业的个性创造，有利于企业在产品市场中立于不败之地。

随着时代的发展和人们追求物质水平的提高，工业产品的设计也不是一成不变的，设计也需要不断地创新变化，这就要求我们必须建立一套科学、合理、有效的创新设计方案，以实现工业产品造型的创新设计。工业产品造型设计是功能与形式、技术与艺术的统一。

一、工业产品造型设计的基本概念

在现代科学技术迅速发展的今天，对工业设计中的产品造型设计特征的研究与探讨，旨在提高人们对产品造型设计在产品设计中地位的认识，从而重视产品造型设计，为企业开发新产品提供科学的依据，最终使企业赢得效益和竞争能力。工业产品造型设计的目的是为了人，而不是为了产品。工业产品造型设计必须遵循自然与客观的法则来进行，从这个意义上来说，工业产品造型设计强调实用性与美观的高度统一，重视物与人的完美结合，把先进的科学技术和广泛的社会需求作为设计风格的基础，其主导思想就是以人为中心，着重研究人与物之间的协调关系。从更广泛的意义上来说，工业产品造型设计是把技术、艺术、经济三者在产品上统一起来，以更好地满足社会、生活和生产的需要。工业产品造型设计其设计的根本观念不是从产品出发，而是从人出发，即从人的实用和审美双重需要出发，从人的生理舒适、心理协调、审美追求的静态素质结构和动态递进过程出发。

在生活中所有使用的工业产品，都离不开设计。一件完美的工业产品不仅以其优越的性能、良好的品质方便我们的生活，而且在视觉上也能使我们赏心悦目，爱不释手，即达到了使产品的功能、形式、材料、技术与环境的有机组合与和谐，这样才能达到完美而走向市场。这里所说的完美是指在一定程度上解决了人们生活中的问题，满足了人们的需要，同时，也起到了引导人们生活、创造新的生活方式的作用。

工业产品的造型设计是由于现代科学技术的不断进步和社会经济文化的日益丰富而逐渐形成的一种可以反映出现代全新设计理念的设计体系。工业产品造型设计是指将先进的科学技术、各种文化艺术以及社会经济的综合应用结合为一体，以消费者的生理需求和心理需求为首要出发点，并设计出具有较高的产品质量和较大市场竞争力的现代化工业产品。它主要以产品的设计为核心，使人们最大限度地获得需求，并对产品产生认同。它不仅可以改变人们单调的生活方式，而且提高了人们的生活质量和生活水平。

二、产品设计的意义、地位和作用

产品的形式，是直接或间接地反映在产品的内在品质和外在体量上的，是与产品的功能结构相互关联的。统一的内在功能结构，在很大程度上作用于产品的外在形式上，外在形式的视觉要素如形态、色彩、肌理等，又作用于产品的功能而发挥作用。例如旋扭，它是以功能为导向的形态构成，但如何更好地体现出旋钮的功能，则是设计师要思考的问题，旋钮的直径、厚度、材料的选择、表面的肌理设计以及手指对旋钮的触感等，这些通过手的运动而直接实现产品功能作用的部件，都要经过设计师的努力，以达到最好的使

用效果，这就证明了设计师在介绍新产品和引导人们科学使用新产品上，起到了很好的作用。总之，产品以及产品的外在形式是直接受科学技术发展制约的，对于一件艺术品来说，它可以是永恒不变的，而对于一件工业产品来讲，却没有一件是永久不变的，它总是会被性能更加优良、造型设计更具时代感、价格更加便宜的新产品所取代。

工业设计是我国一门新兴的、综合性的应用科学，是科学与艺术浑然一体的专业技术，在促进产品升级换代，提高国际国内市场占有率，树立产品形象、企业形象和创造知名品牌等方面起着不可替代的重要作用。对于当今我国建立与国际接轨的设计技术体系，创造中国自己的知名品牌和知名企业，树立中国产品形象的地位，发展具有中国文化特色的设计造型风格，参与国际国内市场竞争，有着特别重要的意义。功能与形式在工业产品的造型设计中是谐调统一的，相辅相成的，好的产品设计可以改善和提高人们的生活质量，人们在使用产品的过程中，会使劳动变得轻松得意，生活变得舒适愉快。产品的功能与形式通过人的使用即达到了人—机—环境的有机结合，从而使我们的生活更加美好。

将工业产品造型设计技术最先应用于大规模制造业的，是美国的一些大型公司企业，如通用电器（GE）、柯达（KODAK）、福特（FORD）、波音（BOEING）等。到 20 世纪 90 年代，在一些工业发达国家，工业产品造型设计技术和工业设计教育已形成体系，并为工业制造业和跨国公司竞争提供了相关的技术和人才，为此受到各国政府和私人企业的重点资助。由于工业产品造型设计是解决人造物与人之间的关系问题，从其技术内涵来看，工业产品造型设计的工业产品不仅是工程技术的载体，而且是文化艺术的载体。

因此，设计不是一个可有可无的工作，而是与人类生存相关的重要设计内容，工业产品造型设计技术既有独特性又有与其它技术的相关性。因此该技术的应用和发展需要不断完善与相关技术的配套和协调，从而构成有效的设计体系。

三、工业产品造型设计技术

（一）当前需要

影响现代工业产品造型设计技术的基本因素包括：现代技术条件、现代生产条件、现代经济和市场状况、现代文化艺术风格和现代社会价值标准等。因此，当前对工业产品造型设计技术的需求将取决于我国现代化的进程，现代世界经济的主要特征是市场调节与市场竞争，工业产品造型设计则是面向人和面向市场的技术。世界各大跨国公司以其雄厚的财力、物力和世界知名品牌的优势，迫使我国务必要全面提高设计品质，以在全球竞争中得以生存和发展，因此工业产品造型设计技术起着不可替代的重要作用。例如，电子管时代的电视机，无论设计师怎样从美学的角度去考虑，它都不可以改变电视机的厚度，那时的电视机只能像一只木箱子一样陈列在居室里。而在科学技术高速发展的今天人们可以将电视机像画一样挂在墙壁上去欣赏，从这里可以看出，功能是决定形式的必然条件，然而，当我们从现代社会市场经济的角度去观察这两者的关系时，我们或许可以惊奇地发现，形式在产品的市场经营中，以及人们对产品的消费观念中，却占据着主导的作用，产品的形式即产品的外在形态，是我们看得见、摸得着的，它作用于内在的使用功能，而实现产品的使用价值。

（二）发展趋势

工业产品造型设计发展特别注重设计方法及设计手段的现代化，现代工业产品造型设计方法和设计技术是建立在计算机技术、人机工程、价值工程、技术美学、设计方法学和设计管理等学科基础上的。特别是计算机辅助工业设计（CAID）将成为该设计不可缺少的工具。CAID 的基础是对现代设计技术的深入研究。科学方法特别是数理统计（如多元分析）方法将大量应用于设计分析和市场分析，如大众审美模型、舒适性模型、色彩形象尺度模型和用户模型等。

随着科学技术的进步，我们所使用的一些产品有了更多的功能，这也促

使对所设计的产品进行功能重组的同时，必将使产品功能发生转化。这种转化最常见到的是日用产品。如同手机是从电话发展而来的，以打电话为主要功能。围绕打电话这一功能所进行手机造型设计，机身不能太大，也不能小到手指不好按键。款式新颖美观，键面划分准确、合理、人性化；声音悦耳、清晰符合判断迅速、准确的要求等。而在现代，一部分手机的打电话功能已转化为商品化的报时、游戏、拍照、看电影等功能，手机的造型趋于娱乐化，可以说现在的手机已成为现代一般人手中的电子玩具，并向小型化方向发展。在产品工业中，产品造型设计方法的技术对象将从单个产品的造型设计发展为产品的研发策划技术，使产品开发始终围绕市场和人的需求，特别注重企业无形资产的开发，如品牌、形象等。

此外，近年来，通过更科学、更系统的设计方法来改善产品的环境表现，已经成为一个主要的设计热点。我们将通过许多具体的设计实例来体会工业设计在不牺牲美学价值和功能表现的基础上进行的有益探索、面临的问题及发展的方向。可持续思想明确了设计师在整体设计流程中所要追求的终极目标，提出了许多从环境角度考虑所涉及的课题，要求设计师关注产品的全生命周期，综合考虑在生产、消费的方法和过程中，材料的选择、资源占有的最小化、能源消耗的种类、工艺处理、包装方式储运方式、产品的生命周期及废弃后的处理等，将产品的环境指数与性能、质量、成本一起列入同等的设计指标，设计可持续的工业产品。

产品设计过程必须考虑末端产品的运输性，使得产品更经济、完好地运送到再制造工厂，保证废旧产品的质量和数量。例如，对于装卸时需要使用叉式升运机的，要设计出足够的底部支撑面；尽量减少产品突出部分，避免在运输时碰坏，并节约储存面积；考虑废旧产品包装的经济性，并减少污染。再制造的拆解不同于再循环，应尽量减少拆解过程中造成的零件损坏和提高拆解效率。例如，减少接头的数量和类型，减少拆解深度，避免使用永固性接头；注意协调好拆解效率和再制造费用的关系，例如，卡销类连接虽然可减少拆解装配时间，如果一旦损坏，整个零件就都将报废，增加再制造费用，因此对于容易损坏的接头还应考虑使用经济实用的螺钉类连接。

四、工业产品造型设计技术的发展特点

（一）科学技术与艺术的融合

计算机辅助工业设计是工业产品造型设计领域的前沿，这不仅意味着设计手段的改变，而且同时改变了工业产品造型设计的思维方式。特别是国际上的一些软件公司推出一批操作简便、功能强大的 CAD 软件。这些软件大都能完成三维造型、上色、赋予材料质感、三维动画、工程制图、工程分析、CAD/CAM 转换等功能等，为工业产品造型设计提供了良好的软件平台。

产品造型可以说是一定时代科学技术水平的反映，科学技术的进步引导产品造型设计提升，新技术、新材料、新工艺只有在科学技术的作用下才能转化为产品造型，产生新材质、新工艺的美感。在人类的每一次科技革命，每一时期的发展，都会在产品造型留下当时科技进步的印记，产生与之相适应的造型。可见，科学技术的发展是产品造型设计的物质基础。我们今天小巧精致的手提计算机就归功于集成电路大规模的应用，正因为先进加工工艺及工程塑料的出现，才有了如今家用电器产品造型的千变万化。由此可见，产品造型的提升与科学技术的发展息息相关。

在这些工作平台上开发的应用软件，可进行各类机械产品的设计，实现从产品概念、零部件设计、结构设计、机构设计、装配、外观造型及动画演示到工程制造全部过程计算机化。因此，在此类软件平台上实现 CAID/CAE/CAM 三位一体的综合性产品开发软件，环境是工业产品造型设计技术发展的重要特点。

（二）造型设计发展的时代性

工业产品造型设计技术发展的另一个特点是，设计周期越来越短，造型风格多样化。因此，对市场的快速响应要求更详细的市场定位、更大规模的数据库和更快速地信息传递。在产品造型理论方面，将与艺术有关的一些人文科学融于产品造型，深化和开拓了科学技术与艺术的融合范畴。尤其突出

的是在符号学和传播学等语义方面强调使产品语言具有可理解性和传达方式的内在性，从而把造型因素转化为具有信息内涵和情感效应的语义象征。

科学技术与艺术的融合已由过去的与“窄”艺术融合发展到与现在的“广”艺术——人文科学的融合。所以，产品造型设计是在科学技术和社会文化不断进步的前提下，通过目标设定和产品功能的定位，将多样性综合到产品设计中去，创造出新的产品形态，以满足人的需要并实现人与社会和自然的协调。

工业产品造型创新设计的实质是一种创造性的思维活动，创新是产品设计的灵魂，是产品设计有其独特风格的主观基础。产品创新设计的主要目的也是为了实现产品的经济价值和人文价值，以吸引更多消费者的眼球，从而达到企业盈利的目标。所以，在今后的工业发展道路上，要勇于对工业产品进行改革和实践，注重培养一批创新型人才，建立更为完善科学的工业产品创新设计体系，从而推动我国的工业稳定发展。

例如，照相机造型设计的时代性，在不同时期，照相机的造型设计体现了不同的文化内涵。在摄影术诞生之前，人们记录影像只能靠绘画、雕塑等表现手法，但是它们的主观性比较强，产生的影像也是经过艺术家加工再创造的形象。长期以来，人们一直在寻求一种能客观记录，并且快捷地得到影像的方法。

从 18 世纪中期到 19 世纪，缘起于英国、遍及欧洲的一场产业革命，使自然科学得到突飞猛进的发展，近代天文学、地质学、物理学、化学、生物学在这一时期都有许多重大的发现和发展，在近代自然科学蓬勃发展的潮流中，摄影术也应运而生了。摄影术的诞生与其它科学技术的发明一样，同样体现了科学技术发展的继承性和综合性。摄影术是现代科学技术综合发展的产物，它与光学物理和感光化学的发展是紧密联系在一起的。它是从远古到近代工业文明社会所凸显出来的，它是人们更加真切地审视自身，开阔视野，更加广泛地交流信息、沟通感情的审美需求和精神需求的结果，它使人类千百年来梦寐以求的追求真实、直接而又艺术、生动地再现人类生活及其环境的愿望得以实现。然而，作为影像瞬间纪实再现的载体——照相机，正是以它自身造型设计的风格魅力去谱写相机产业发展的辉煌篇章。

五、实现工业产品造型创新设计的有效策略

工业产品的造型设计是由于现代科学技术的不断进步和社会经济文化的日益丰富而逐渐形成的一种可以反映出现代全新设计理念的设计体系。工业产品造型设计是指将先进的科学技术、各种文化艺术以及社会经济的综合应用结合为一体，以消费者的生理需求和心理需求为首要出发点，并设计出具有较高的产品质量和较大的市场竞争力的现代化工业产品。它主要以产品的设计为核心，使人们最大限度地获得需求，并对产品进行认同。它不仅可以改变人们单调的生活方式，而且提高了人们的生活质量和水平。

（一）产品造型生产技术的创新设计

产品造型生产技术是实现产品高性价比的最基本方式，是产品造型创新设计的核心，企业在竞争中必须在产品的技术含量上不断创新，技术创新设计通常采用分解、改进、重构的构成环节，必须有着与时俱进的发展潮流和趋向。技术构成不仅需要掌握好传统优良技术的优秀成果，还需要把握住发达国家的产品，并朝着数字化、智能化、网络化的方向突破。

（二）产品造型在品牌文化上的创新设计

产品造型设计是在保持产品部件自身的完整性的前提下，尤其是要保持易损部分的完整性。品牌文化是产品造型设计体现的物质层面，成功的品牌是有一套完整的品牌文化作为指引的，就如同一所好学校能培养出很多优秀的人才一样，品牌文化是靠产品造型来展开的，从很多成功的品牌上看到这两者之间互依互存的关系。产品造型设计不只是一剂止疼药，而是要从品牌文化上下功夫，要认真研究自身企业情况，打造品牌形象，是在充分了解品牌文化的前提下量身订造的。在产品造型设计中，思维固化是设计师经常面临的问题。采用有意还是克制思维固化策略，是设计师秩序化设计活动中需要考虑的问题。首先，通过分析产品造型设计思维的流程和特点，综合文献

成果，提炼了影响思维固化的关键要素，即创新度要求、设计问题属性、设计师偏好、设计刺激手段；其次，通过建立基于问题域到特征域映射过程的产品造型设计思维固化策略模型，指出关键要素在映射过程中的位置、内容及关系，明朗各思维阶段与思维固化之间的联系，并且认为有意思维固化策略关键在于框架化知识与偏好集合的不断补充，以及依据具体问题描述和创新度要求的筛选，而克制思维固化策略关键在于设计刺激起点信息的内容、表达形式以及所处设计阶段；最后，将有意和克制思维固化策略应用于实际的产品造型设计项目中，定性评价思维策略和设计方案。研究表明，有效运用有意或克制思维固化策略，能够提高产品造型设计的效率。

（三）产品造型的文化创新设计

产品的造型设计不仅要满足于外观，最重要的是需要满足实用价值。造型设计不仅是依据它的实用功能而定的，更重要的是要表达文化精神，因此，产品的造型设计必须展现出文化底蕴，巧妙地融入文化特色以实现创新。要想深入的研究创新的主流思想，设计者应当努力发掘民族的特色文化，了解消费人群所属国家的民族文化，使设计出来的产品更具有创造性。

文化是一个社会群体特有的文明现象的总和。设计是物质形态创造，文化现象。家程颗说：“在一个社会中，各种文化现象之间，总是互相渗透、互相想象的。”属于物质宋代理学“天下无一物无礼乐”，确实，在中国传统文化的土壤和氛围中创造出来的许多古代设计产品，都带有深深的时代文化印记。如青铜器产生在上周文化的土壤里，渗透到上周时期的冠、婚、丧、祭、宴、享等文化生活的各个领域。虽然商代和周代同属奴隶制，但是商代与周代的文化特征还是有所不同。商代的文化更突出地表现在祭祀方面，其物质文化和精神文化，主要是围绕着祭祀来进行的。因此，殷商的青铜器，其造型的体积感、量感和力度大大加强，以此适应祭祀的需要，表现出庄严与神秘；周代的“礼”，尽管也有祭祀，但它不同于殷商的“先贵而后礼”，而是“敬鬼神而远之”，成为一种比较理性的、有着丰富伦理意识和严格的等级观念的礼仪活动。

文化在交流的过程中传播，在继承的基础上发展，都包含着文化创新的意义。文化发展的实质，就在于文化创新。文化创新是社会实践发展的必然要求，是文化自身发展的内在动力。文化创新可以推动社会实践的发展。文化源于社会实践，又引导、制约着社会实践的发展。推动社会实践的发展，促进人的全面发展，是文化创新的根本目的，也是检验文化创新的标准所在。

（四）产品造型的人本创新设计

消费者的需求能够引发消费者的消费动机，进而使产品最终实现经济价值。产品人本创新设计要突出产品的个性化设计，通过把市场进行不同地区和不同类别的划分，然后进行消费者需求的认真研究，充分挖掘出不同群体需求的个性特征，设计出具有独特需求的新型产品。产品造型设计要有新的设计理念，必须有与时俱进的可持续发展，需要设计师有美的观察与创作表现，要研究分析消费者的行为，了解使用者的心理，人性化是产品升级换代的不竭动力，是创新设计的切入点，在完善科学的产品创新设计体系下，推动经济的稳定的发展。

第二节　工业产品造型设计的基本原则

工业设计是我国一门新兴的、综合性的应用科学，是科学与艺术浑然一体的专业技术，在促进产品升级换代、提高国际国内市场占有率、树立产品形象、企业形象和创造知名品牌等方面起着不可替代的重要作用。对于当今我国建立与国际接轨的设计技术体系，创造中国自己的知名品牌和知名企业，树立中国产品形象的地位，发展具有中国文化特色的设计造型风格，参与国际国内市场竞争，有着特别重要的意义。

一、工业产品造型设计的基本原则

工业造型设计最初产生于把美学应用于技术领域这一实践中，是技术与艺术相结合而产生的一门边缘学科。技术与艺术本是相通的，技术偏于理性，

艺术偏于感性，它们都是创造性的工作。总体上说，技术主要追求功能美，艺术主要追求形式美。技术改变着人类的物质世界，艺术影响着人类的感情世界，而物质和感情也正是人类自身的两面。在工业社会的发展中，技术与艺术的分离导致各自的弊端，如技术的冷漠感、非人性化、艺术的情感化偏向。

产品工业造型设计是科学与艺术的结合体，所以其设计方法必然要依据一定的基本造型原则才能满足产品使用功能和外观的装饰性要求。

（一）实用性原则

实用性是指发明或者实用新型申请的主题必须是能够在产业上制造或者使用，并且能够产生积极效果。但是，应该注意的是，各国对实用新型要求的创造性比对发明的要求低，有些国家甚至不要求实用新型具有创造性。工业产品最基本的要求就是使用性，而从使用性的角度来看，产品的功能设计还应具备科学的、合理的、可靠的实用性，才能最大限度地发挥产品的物质功能。

1. 确定适当的功能范围

随着时代的进步，产品功能的多样化、综合化，必然促使产品造型朝着组合化、小型化方向发展，同时将促使某些产品功能发生转化。这种情况多发生在与人们日常生活联系比较密切的轻工业产品中，手表以前以计时为主要功能。围绕这一功能所展开的手表造型设计要求：形态不能太小，也不能太大；刻度划分准确；指针大小、长短符合判断迅速、准确的要求等。

企业生产的某个产品一定会有自己的功能应用范围，因此在进行产品工业造型设计时，确定产品的适用范围是非常必要的。设计产品的主要目的就是提高产品的综合价值量，要保证产品功能与成本比达到理想化状态，就必须在开发设计产品时从功能入手，在保证产品基本功能的基础上放弃其它多余的功能，从而降低生产成本提高产品的利益价值。同时还要在功能范围内考虑产品使用、维护等利用率的高低，提高产品的性价比。

2. 优良的性能与外观形式相适应

优良的工作性能是产品的内部质量指标，而高性能的工业产品必然要配备高品质的外观形象设计。产品造型在一定程度上反映时代的科学技术水平。科学技术的发展是影响产品造型的主要因素。科学技术的发展是产品造型设计的先导造型，只有在科学技术为它提供了新材料、新工艺、新技术的基础上，才能产生多方面的变化。科学技术在每一个发展时期或科学技术在某方面取得较大突破时，都会出现与之相适应的造型，所以，科学技术又是产品造型的物质基础。随着大规模集成电路的应用，才有了今天小巧玲珑的计算机造型；工程塑料及其加工工艺的出现，使得家用电器产品造型款式不断更新。所以，产品造型设计是依附于科学技术的发展而发展的。

高品质的外观形式在一定程度上是对产品性能的传达。产品的性能与外观形式相适应不仅能够完善产品的使用功能，还能够激发消费者的新鲜感，从而提高产品的市场竞争力。

3．科学的使用功能

随着科学技术的发展，工业产品的设计逐渐侧重于产品的人性化要求。

由心理学可知，人都具有求美、求新的心理特点，“美、新”的东西，常常会引起人们的兴趣。故产品造型还要同时满足人们求美、求新的要求，以其新颖美观的造型来占领市场，征服购买者。工业产品的更新换代，很大程度上就是为了满足人们的这种心理。因此产品的设计要考虑产品形态上对于人体使用的科学性与合理性，保证产品与人体的高度协调。

（二）美观性原则

社会在不停地发展变化着，产品造型也会随着社会的发展需要变化着，社会的需要具体表现之一就是用户的需要，而用户的需要与所处的社会状态有关。产品整体表现出的美观性是产品面向消费者的第一印象，它是产品整体综合反映出的社会时代感和地域特色。产品的造型美没有绝对的统一标准，但是产品的形态与色彩对产品的形式美起着决定性的作用。产品外部形态线条与体块以及颜色的舒适性是消费者对产品的审美需求。

（三）经济性原则

成本控制的原则之一，是指因推行成本控制而发生的成本，不应超过因

缺少控制而丧失的效益。选择关键因素加以控制，而不对所有成本都进行同样周密的控制。在社会经济、文化、科学技术以及信息技术应用水平不断提升的带动下，我国逐渐进入知识经济的发展进程，越来越多的工业产品造型设计师开始注重设计工作的创意和创新。尽管如此，相应的工业产品造型设计工作的开展不能过于随意，而忽视产品自身的实用性。造型设计师所设计出来的工业产品要在具有实用性的基础上大胆创新，最大限度地吸引消费者的注意力。因为只有具有实用性的工业产品，才能最终获得消费者的一致好评。在我国当今社会发展的过程中，一般情况下，经济性原则、便捷性原则以及相应的工业产品生产与使用的环保型原则等，既是相关设计工作人员需要尤为关注的内容，又是实现工业产品造型设计创意与创新的基本原则。

要求成本控制能够起到降低成本、纠正偏差的作用，具有真实性；要求在成本控制中贯彻“例外管理”原则；要求贯彻重要性原则；要求成本控制系统具有灵活性。一个产品工业造型不仅需要好的设计方案，还需要材料和加工工艺的支撑，而材料与工艺的好坏往往与产品的成本相挂钩。同样的外观设计选用不同的材料或者工艺生产出的产品肯定会存在很大的差异，因此一个完美产品造型的实现要依靠优秀的设计与加工手段相互配合才能够完成。在产品造型设计过程中要重视对产品材料和施工工艺的选择，在满足要求的基础上尽量降低产品的成本，提高产品的经济性能，争取最大的经济利益。

二、工业造型设计的创新性原则

从表面看，创新是在原来的基础上，对一个事物进行更新，或对一个事物进行更深度地观察和思考。21 世纪是一个创新的世纪，表面的创新已经不能满足现实的需要。从实践方面看，在实践中创新已经运用在现在的工业，进入了人们的生活，它已经在实践中变成了一种创新习惯。实践中要用新的眼光来看事物，创新一直不断摸索，不曾停止。从辩证方面看，辩证法主要有肯定和否定两个层面，第一层面是从认同到批判过程进行说明，而第二层面却是一种自我批判的永恒发展过程。在实践中就应该用批判的眼光看待创新，永不满足，用怀疑的眼光看世界，将创新出一个不一样的世界。

（一）注重工业产品造型的生产技术的创新设计

工业产品造型技术可以说是制造出产品造型的关键要素，是实现产品高性价比的有效方式，是产品造型创新设计的核心，企业在激烈的工业市场竞争过程中，必须在产品造型所能体现的技术含量上不断创新，以实现企业的稳定生存和快速发展。随着经济的发展，人们对生活的要求越来越高，不断追求舒适感和便利化。除了依靠现代化科学技术外，自然也要依靠工业产品造型设计创新。专业设计人员可通过对人们生活数据的收集，运用统计学等理论适当分析，针对人们在生活中遇到的困难给出最优化的设计方案。例如，盲人行走时不易辨认道路，设计人员就可为盲人设计专用电子盲杖；飞机造型设计受到了老鹰等大型鸟类的启发，性能不断提高。

工业设计已不再是简单的“技术＋艺术”，而是工程技术知识、人机工程学、人文社科知识、艺术美学知识、市场营销知识和消费心理学等知识体系的有机结合。因为工业设计的对象是现代工业化条件下批量生产的产品，而产品又是为人服务的，所以它应该具备一定的使用功能；应该让人用得舒适；要考虑不同民族、文化的人对产品的特殊要求及喜恶，应该使产品具有欣赏价值，而不是冰冷毫无感情的机器；还应该使产品为消费者所接受等。对于产品的这种要求需要多种学科知识的协同，而不仅仅是工程师和艺术家形式上的合作就可以完成的。

工业产品造型的技术创新设计通常采用技术分解、技术改进、重新构成三个重要的构成环节，被称之为“技术构成”法。工业产品生产技术的发展必须有着与时俱进的发展潮流和趋向。当企业通过技术构成来实现产品造型的创新时，不仅需要掌握好传统优良技术的优秀成果，还需要把握住或是借鉴当下各国的产品造型生产技术。现如今，产品技术发展的总趋向是数字化、智能化以及网络化，未来的技术突破的浪潮，可能会在电子信息以及纳米科学技术等方面被交叉应用。

（二）注重工业产品造型的文化创新设计

产品的造型是产品人文价值和经济价值的综合体现。产品造型设计不仅要满足于它的外观，最重要的是需要满足消费者需要的实用价值。但是，产品的造型设计不仅是依据它的实用功能而定的，而且产品造型要表达的文化精神也同样是不可或缺的。因此，产品的造型设计必须兼备消费者所要求的实用价值、产品的造型美观以及所展现出的文化底蕴。要想提高产品造型的文化底蕴，则需要在产品造型的设计过程中巧妙地融入我国的文化特色以实现设计的创新，需要深入地研究和发掘中外文化的艺术气息与显著特点，目前这已经成为一种产品设计和创新的主流思想。

社会是不断发展变化的，人们的需求也随之发生变化。那么设计人员就要学会把握这些变化，对社会形势进行科学分析，仔细观察人们的生活，努力预测人们的未来需求，激发工业产品造型设计创意，运用科学知识实现工业产品造型设计的创新，为工业产品创造更大的价值空间，促进社会发展。例如，汽车设计人员为了迎合未来低能耗、重环保的趋势，充分发挥了想象力，努力设计出环境友好的概念车。

创造性思维在工业产品设计中的应用非常广泛，在人们心中都有这样的认识："科学创造是以抽象思维为主要特征的，艺术创作是以形象思维为主要特征的观念。"在实际工作应用中，科学创造和艺术创作、抽象思维和形象思维都是协同配合的，这样才能设计出好的产品，而且产品设计需要灵感思维的创造辅助。灵感思维的概念是指，在创造设计活动中，设计者的大脑皮质高度共奋时的一种特殊的心理状态和思维形式，是在一定抽象思维和形象思维的基础上突如其来地产生出新概念或新意象。

在技术与艺术相结合的最初阶段，设计师的思想、行为是不成熟甚至是盲目的，于是在产业革命时期出现了巴洛克风格的车床和洛可可风格的雕刻机。它们把工艺品的装饰形式硬塞给了机械产品，是对机械产品的简单美化，是一种附加行为。这种附加是把产品的功能和形式简单地拆分成前后两个步骤的结果。这种错误的行为受到了批判，也促使设计师们对工业设计进行认真的思考和实践。产品设计者设计前就应当努力发掘我国各民族的特色文化内涵，最后充分应用到工业产品造型的创新设计中去。另外，由于工业产品市场的国际化走向，设计者必须了解消费人群所属国家的民族文化，使产品造型设计更具有针对性和创造性。

（三）注重工业产品造型的人本创新设计

一直以来，工业产品自身的应用性能是消费者在选择工业产品时所考虑的主要和关键参照因素。因此，相关设计工作人员在探究工业产品造型设计创意与创新工作时，也应当将工业产品自身存在的使用性能作为主要的研究要素之一。当下，在我国工业生产以及造型设计工作开展的过程中，产生了消费者在生理、心理两个方面都希望得到满足的一种趋向。这种趋向能够引发消费者的消费动机，进而有了实际的消费行为，使产品最终实现经济价值。产品人本创新设计必须顺应时代发展，突出产品的个性化设计，满足消费者多样化的需求。设计者通过把市场进行不同地区和不同类别的划分，并针对划分的市场进行消费者需求的认真研究，充分挖掘出不同消费者群体的需求个性特征，设计出满足消费者独特需求的新型产品。

（四）注重工业产品造型的人机创新设计

工业产品的外形、色调、使用的生产原材料以及与其相配套的装饰等，都是我国当下工业产品外观设计工作中的主要内容。只有具有创意色彩和创新意识的广告设计内容以及产品的外观造型，才能在第一时间吸引广大消费者的注意力，提升广大消费者对相应的工业产品的购买欲。这就要求负责工业产品造型设计工作的相关设计工作人员在开展工作的过程中，要及时了解当今社会时尚潮流的发展趋势和流行元素，在全面掌握社会主义市场经济主流发展趋势的前提下，对相应的工业产品的外形、色彩搭配等进行及时有效的更新和改良，从而实现工业产品生产、企业经济效益的显著提升。

工业产品造型的人机创新设计主要有两个目的。一是研究出人、机以及环境之间的和谐关系。人机交流是工业产品造型设计的人机界面，它可以充分了解人与产品造型设计进行沟通互动的操作方式和认知方式，力求工作人

员在操作产品过程中的高度安全性和舒适度，并努力提高工业产品的使用效率。通过绿色环保设计，确保工业产品造型设计符合我国的可持续发展的要求。二是通过研究人的形态与反应特征，模仿人类设计，为工业产品的技术创新设计和人本创新设计提供有效的元素。

总结，工业产品造型创新设计的实质是一种创造性的思维活动，创新是产品设计的灵魂，是产品设计有其独特风格的主观基础。目前，人类对工业产品的创意和创新的要求不断提升，这是在当今社会科学技术、信息技术应用水平不断发展下的必然趋势。负责工业产品造型设计工作的相关技术人员只有真正认识到创意和创新在工业产品制作与生产销售过程中的重要作用，才能树立正确的认知观念，采取科学有效的设计理念和设计方式，最终实现我国工业产品生产与销售工作又好又快的发展。

产品创新设计的主要目的也是为了实现产品的经济价值和人文价值，以吸引更多消费者的眼球，从而达到企业盈利的目标。所以，在今后的工业发展道路上，要勇于对工业产品进行改革和实践，注重培养一批创新型人才，建立更为完善科学的工业产品创新设计体系，从而推动我国的工业稳定发展。

第三节　工业产品造型设计的要素

工业造型在现代产品设计中的重要性已被人们所认识，特别是在市场竞争日益激烈的今天。工业产品造型设计，是对产品立体和平面的几何形状设计，产品外观的设计必须按照美学的原则符合人们对美的需求和依据人机工程学对产品外观进行具体设计以符合人们使用的视觉化形象。影响产品外观的因素很多，例如，产品的加工工艺、构造、材料、形态、色彩、结构等。所以对产品进行外观造型设计时必须综合考虑以上要素。

一般而言，产品的形式也可以理解为造型，产品造型设计师的主要职责是在现代技术的基础上结合运用美学原理给用户带来最佳的问题解决方案，产品造型设计正是在综合考虑设计材料、色彩及形态前提下，结合运用现代美学、人机工程学等学科，秉着以人为本的设计理念，旨在为客户提供最佳的问题解决方案。

一、设计材料

很多设计师都不缺乏创意，真正缺乏的是对各种材料的理解和应用。其实，中国的建筑师自古就有用材得当的传统，尤其在木材和石材的应用上更是驾轻就熟。材料是设计的物质基础和载体，是科学技术研究的重要方面。设计材料由比较单一的木材、陶瓷、玻璃、越来越丰富的塑料、复合材料为产品设计展开了一个广阔的天地。基本功能相同的产品，由于采用了不同的材料和加工工艺，就可以带来巨大的形态变化，随后带来的是使用变化和精神功能的变化。产品造型设计的首要要素是与产品造型存在很大关系的设计材料，设计材料作为产品造型的基础和根本，一个合格的产品造型设计不是单单的在产品形态上的设计，同样包括造型设计能不能达到设计的目的，材料的选择能不能满足产品的功能。例如，用于高温环境中的产品与用于常温环境中的产品在设计材料选择上就应该不同。

作为一个合格的产品设计师，在进行产品造型设计时应该综合考虑如何选择设计材料、材料的加工工艺、成型技术的应用，这些要素会直接影响到产品的外观。种类不同的材料是我们进行各项生产时不可或缺的物质基础。创造性活动是通过人类合理利用材料而得以实现与发展而进行的。新兴科学技术的不断发展加速并促使了现代新型材料不断地出现，并使其得到了十分广泛的利用。每一种新型材料的开发与利用，都会产生与之对应的制造方法与加工方法，继而导致设计产业结构发生巨大的变化，带给设计作品造型上的新的飞跃，形成新的设计风格，成为推动设计发展的新动力。

在科技高速发展的背景下，设计材料日新月异，材料的特性及材料的加工方式也越来越多，这就要求产品设计师要掌握各种不同材质的特性及加工方式。同时，材料自身的质感对产品设计的造型装饰起决定性的作用，很多产品造型设计往往就是运用设计材料的自身材质特性达到实用和美观的设计

目的。例如，时下流行的很多设计为不锈钢设计，不锈钢材质本身强烈的明暗对比，凸显产品的豪华，使得它成了造型设计的第一设计材料，同时，对不锈钢材料的加工制作相对而言比较简单。例如对需要加工的不锈钢板可采用冲孔、弯曲、铆接、冲压、腐蚀、激光雕刻、切割、表面处理（氧化、喷砂、抛光、涂饰、拉丝）等手段加工工艺，就会使产品的表面形成不同的产品形象。

材料的应用与发展同设计造型和结构的变化与发展是相辅相成、相互促进与相互影响、相互制约的关系。任何材料都拥有自己唯一的属性。细致、全面地去了解不同种类材料的各项属性，例如密度、弹性、柔韧度、延展性、耐磨性、导电性等。全面了解材料的属性是产品能够成功实现其功能的根本保证，同时也是设计师进行设计的前提条件。在产品造型设计过程中，设计师惯用的手法是采用材质本身的质感完成功能与美观结合，例如，材质的冷暖（不锈钢与木材的结合）、材质的软硬（皮革与金属的结合）、材质的光滑与粗糙（橡胶与玻璃的结合）等，这样的设计在我们现实生活中时常可以发现。作为优秀的设计师必须掌握设计材料的选择原则：第一，从产品的功能和性能方面出发，有的产品造型对设计材料要求比较高，有的产品造型对设计材料要求比较低，这些要求设计师从材料的寿命、物化性能、加工工艺等方面综合考虑选择合适的材料；第二，从产品的视觉表现因素而定，如对产品形态要求，有的材料加工成型简单，有的材料加工不容易成型。例如，金属加工相对而言难以曲面成型，所以我们很少看到运用金属加工成多曲面的成品，而塑料作为产品造型设计的主要设计材料，它加工相对简单，通过模具能制出复杂的曲面，故目前看到的复杂曲面产品几乎全是塑料制品，这就是为什么塑料成了工业造型设计的第一设计材料。

忽略产品的功能和性能，单纯从产品的视觉效果来看，同一产品可以选用不同的材质，然后通过后期的处理可以达到相同效果。这就是产品造型设计的要素二色彩的美观作用。20 世纪下半叶，是人类历史快速发展的黄金时代。伴随着科技与经济的高速发展，环保意识也作为一种现代意识引起了我们的普遍关注与社会重视。例如塑料材料的出现与普及使工业设计呈现出一次巨大的革命。塑料的价廉、质轻和易于加工成型、印刷，以及透明性和色彩多样等特点，被广泛采用于各个领域的产品、包装设计之中。塑料的出现替代了许多如金属、玻璃、木材等传统的设计材料。今天我们的生活中处处都有塑料产品或包装的存在，几乎每天都与塑料产品打交道：食堂和快餐店中的餐具，商店里的购物袋，手中的矿泉水、饮料瓶。当然，任何事物的出现都是有利有弊的，塑料材质的过度使用，使我们生活在了塑料袋的“白色污染”之中。塑料导致污染的事实告诉我们，新型环保材料的研发成了我们今后要追求的目标。

二、色彩

色彩在产品形象设计中起到非常重要的作用，在视觉传达中它更快速、更感性和更直接，它通过消费者的感官直接将设计师的设计信息传达给消费者，对消费者是否想占有产品起到根本的作用。如何运用色彩，如何在设计中添加恰当的装饰色彩，这是摆在设计师面前一个很重要的课题。设计的目的，即是满足人们的实用功能和心理功能的需求，我们所设计的一切产品，它的终端即是人，而色彩正是人们接受产品的第一个信号，

色彩在产品造型设计中主要通过使用涂料来获得，包含在产品成型加工过程中添加颜料和后期的涂装。色彩在产品造型设计中发挥的作用主要有保护材料和对产品造型的装饰，在工业造型中，很多产品的造型采用金属和塑料，金属材料在外界环境中的作用下，很容易被氧化、侵蚀和腐蚀，塑料材料长期受到阳光的照射而老化、变脆、很容易被破坏，因此，作为造型设计的主要设计材料，金属和塑料都要通过涂料来保护，以到达延长产品使用寿命的目的。设计是人类为了实现某种特定的目的而进行的创造性活动，它包含于一切人造物品的形成过程当中。人凭借训练、技术知识、经验及视觉感受而赋予工业产品材料、结构、形态、色彩、表面加工及装饰以新的品质和资格的设计行为，被称为工业设计。

从上面的定义中可以看到，色彩作为不可或缺的一环，深深地根植于工

业设计之中。现代的工业造型设计产品大都离不开色彩的装饰，一个完善的造型设计产品、色彩装饰是其不可缺的重要部分。离开了色彩的修饰，产品仅仅是一个不完整的半成品。自然界创造了变幻无穷的生态环境，并赋予了不同的色彩，我们生活在大自然的怀抱中，得以感受和观察到色彩的魅力。失去色彩的世界不可想象，生机勃勃、鲜艳亮丽的色彩已成为我们人类生命的一部分或生存的一个重要因素。工业产品造型的美观程度除了产品造型形态外，色彩的运用对产品造型美观程度起到很大的作用，色彩在现代产品造型设计中已经成为人类情感的需求，它美化产品，美化人类心理，所以在产品造型设计过程中，要很好地利用色彩，灵活多样的色彩组合设计，使得一款产品对消费者而言有了更多的选择，从而增加了产品的竞争力。

色彩的手法主要有刷涂、擦涂、喷涂、浸涂、淋涂、电泳涂、粉末涂等，不同的涂装方法在产品形象设计中形成和产生不同的视觉，例如：刷涂工艺，工效较低，涂装效果较差，表面色彩附着力弱，容易剥落；喷涂工艺，产品的表面色彩着色比较均匀细腻，色彩附着力弱，容易剥落；浸涂工艺使产品表面色彩光滑，但由于加工工艺的原因，涂料上色不均匀，有波纹状；淋涂工艺能使产品表面色彩质感厚重；电泳涂装工艺可以使产品的涂装色彩产生较强的附着力，获得细致、精密、光亮的表层外观；粉末涂工艺可以使产品的色彩具有与电泳涂装工艺相同的具有较强的附着力，还可以出一些其它涂装工艺达不到的效果，例如，增加产品表面的粗糙度等。

在工业设计中，造型是产品的躯壳，色彩则是它漂亮的衣装，二者合而为一，即可展示该造型所具备的形态意义，或形成一个可鉴别的符号，再通过视觉传达给观者。这个过程实际上是一个立体的多维视觉过程。有别于一般意义上平面色彩，观者所感受到的是一个在特定光线下物体所呈现的立体形象，在这里，色彩是物体表示其内容的工具，也是物体情感象征化的要素。从这个意义上来说，色彩与造型各自有其独特的功能，彼此难以替代。随着时代的进步，科学的发展，人们对色彩的认知逐步也趋于理性和成熟，甚至到了依赖的程度，随着工业设计出现，各种机器也都附着上了相关的色彩，而与我们生活息息相关的各种造型日用品、家用电器或一切称之为产品的东西，无不色彩各异，可以这样说，任何一件物体，包括人类本身都是由色彩组成的。在我们的世界里，有形的与无形的形体都有其特定的表象色彩。

产品造型设计中的色彩选择原则：

（1）满足产品功能的需求。例如校车为了强调安全，选用黄色作为主色调，黄色鲜明，在很远处就能引起人们的注意。

（2）满足人机工程学。色彩设计应使操作者心情愉快、有安全感，我们就要从人机出发，考虑使用者在使用过程中的心情，例如色彩搭配不当，很容易造成较差的效果，如医疗设备，很多场合是要为病人提供相对平静的心态所以很多医疗器械是白色或蓝色，如果采用红色会造成病人心情紧张反而不利于治疗。

（3）满足产品使用环境的要求。产品是在一定的环境中使用的，从产品系统设计角度出发，我们的设计就必须与环境相协调，但不是一味地不考虑产品的实际使用环境，单独对产品进行设计，毕竟产品要被使用才能实现设计的价值。

（4）符合美学的原则。设计过程中要讲究色彩的对比与协调、稳定与均衡、节奏与韵律等原则有效的运用。色彩还具有音乐感和味觉感。音乐的高低和情感可用色彩来表示，红色代表热情的音感，黄色则可表达快乐的声音，绿色表示悠扬的曲调，而蓝色等冷色则可表达忧伤的音符。

（5）在味觉方面，色彩感觉大都由我们在生活中接触到的食物联想而来，从而形成了一种概念性的心理反应。如“酸”使我们联想到未成熟的果实，如柠檬等，那么这类食物的颜色多以绿、橙、黄、蓝等色为主，这些颜色的组合，则在人们的心理上有酸味的感觉；辣主要以辣椒的红绿色及其它刺激性的食品色彩组合而成，形成一个辣味的色调；苦以咖啡的色及晒干的中草药的颜色组合，如黑、咖啡色的浑色等；甜这类色主要以暖色为主，熟透的果实的深红色、橙色有甘甜的感觉，粉红色及奶油黄色组合更有甜腻的感觉。

（6）符合大众时代的审美要求。一个产品从很多方面反映产品设计时

代的信息，我们可以从众多方面了解产品的时代审美观念，作为产品造型设计师要紧跟时代特征，将时代信息融入设计过程中，包含于产品造型中，把色彩作为产品造型反映时代信息的主要因素。一件工业设计产品，由结构、使用功能、外观色彩三要素组成，而色彩作为其最后一道工序有着举足轻重的作用。对于销售方面尤其重要。我们知道，产品的销售方式几乎都是通过各商家或展销方式最终进入消费者手中。在这一环节里，消费者首先是通过观看产品的外观、色彩来感受到商品形态而引起兴趣，而目的性很强的消费者也是在同类产品中首先对视觉冲击力强的产品感兴趣的，这是一个很普遍的现象是人们在生理和心理上对色彩的一种本能的反应。色彩传达的信息，能够使人产生丰富的联想，它具备了语言的功能，甚至超过了语言，正是“此时无声胜有声”，正因为如此，设计师必须深入地研究色彩语言，准确给产品色彩定位，将设计意图明确地传递给消费者。时代变化导致人们对色彩的审美标准也随之发生变化，没有绝对的时代色，只有变化的时代主色。

（7）色彩的选择要与色彩工艺加工成本相联系。现代的产品造型设计一般只有一到两种色彩（不考虑儿童产品的造型设计），主要原因与工艺和成本有关，例如，注塑成型的产品，一个色彩就需要一套模具，一套模具的成本就很高，所以从制造商角度出发，节约制作成本也就是尽可能使用一种或者两种色彩来完成产品，这是受制约于加工工艺的原因。

通过遵循以上这些原则，使得产品色彩的搭配能满足大众的心理需求，被绝大部分消费者的喜爱，降低产品设计研发的成本，从而有效地提高产品竞争力。

三、形态

在历史的长河中，传统文化在岁月的洗刷下，早已淘汰了那些落后的糟粕，留下来的都是人类传统文化中的精华，并在艺术设计中崭露头角。中国传统文化是东方文化的代表，它题材广泛、内涵丰富、形式多样、流传久远，这些都是世界上独一无二的，在世界艺术之林中，它那独特的东方文化魅力正熠熠生辉。因此，了解中国传统文化，认识中国审美传统，对于现代设计师来说是相当必要的。我们应继承并发展中国优秀的文化传统，将美学传统与现代意识相结合，寻找我们民族传统文化中为其它民族所不及的思维优势和独特风采。

产品造型设计的核心是产品的形态美设计，它是在设计师系统地对市场调研材料分析的前提下，对产品造型设计精确定位的基础上开展的设计，虽然对设计而言，设计手段多种多样，但它遵循美学特点和规律；独创性，旨在强调在进行产品造型设计时不是一味地去模仿复制，而是在科学、合理的基础上使得产品给人独特新颖的感觉，它通常在形态、材料、结构等方面反应；秩序性，在统一中寻找变化，在变化中追求统一，在开展工业造型设计从产品形态变化的要素中找到统一，它强调是一种整体美，我们常见的有组合化设计；体量感，产品造型设计的出发点是人机工程学，它强调产品必须符合使用者的要求，让使用者使用更方便，更舒适，很多产品的设计受到体量感的限制，譬如，一个手握式的操作方式的产品操作部位就不超过手的活动范围，一旦超过范围，使用者就不能舒适的使用；动感性，产品形态的设计往往被设计师赋予很强的动感，目前很多产品采用流线型设计，小到鼠标大到飞机，流线型设计越来越广泛很大一部分原因是出于动感，这里不排除其它要素，例如，飞机的流线型出于空气动力的需求。

设计是人类创造力的外在表现，设计师在为人类设计生存的环境、空间或工具用品的同时，也赋予其一定的外观形态。无论这些设计是平面的还是立体的，它们都会因其外观形态表现或传达信息、表情和情感，被人们获取或感知，同时引起使用者相应的情感与反应。造型活动的结果是以形态的形式存在的，形态所描述的不仅限于“形”的本身，它在内涵和外延上都大于“形”。“形”基本是客观的记录与反映，是物化的、实在的或者硬性的，而形态的“态”是精神的、文化的、软性的、有生命力的和有灵魂的。形态的本质也就是物质的物质性与人的精神性的综合。

工业产品造型设计不再是简单的脱离实际的纯艺术、纯美术，它是运用

与工业生产对产品的设计和加工提供一个可行、可靠的技术方案，也就是“能设计出就能生产出”，毕竟产品造型设计源于生产，高于生产，如果产品造型脱离以上要素，它将不再是纯粹意义上的工业造型设计，而是纯美术，对实际的工业生产和加工不提供有效的信息，也就失去了它存在的意义。

第六章　工业产品设计的表现技法

第一节　工业产品设计表现技法现状

产品设计是一门交叉的学科，每一次新科技的出现都会给产品设计的途径与方式带来新的方法。而产品设计表现技法是产品设计的一个重要表达的环节，它同样受到新科技的影响。如果一个设计师的创意不能完善地表现出来，其结果不仅影响到设计师与客户的交流，而且使设计师的思想大大受到挫折。所以，要对这些先后出现的产品设计表现技法进行统一的分析研究，发现它们之间的相互关系及潜在规律，有助于设计者们更好地了解与运用这些表现技法。

一、相关概念

在产品设计过程中，一个好的设计者练就一手好的草图和效果图技法是十分必要的。在突发灵感的触动下，迅速、准确地捕捉并以较好的表现手法将自己的概念传达给别人，这才是一个优秀设计者所要具备的良好素质。工业设计作为一门新兴的边缘学科，对设计所表现的方法，因各人的悟性不同，所以在表现上有着一定的差异。

（一）表现技法

设计表现是工业设计中的一个组成部分，是通过一定的手段来表达设计者的创新构想，而达到沟通设计思想，便于设计评价。

设计表现技法表面上看类似于绘画，但目的完全不一样。绘画表达的是绘画者主观内心感受，是精神产品领域内的自由艺术；而产品设计表现技法传递的是设计者创意构想，表现的是建立在透视原理基础上的理性表现透视图，呈现的是产品设计造型语言。

表现本身不是目的，而是通过学习掌握设计表现技巧、设计表现技法规律，使创意形象的表达能达到预期效果。设计交流上存在较多的局限，对于具备一定绘画能力的设计者了解了设计表现技法的特点，更有助于设计语言的表达。绝大多数设计师经过绘画技能训练，加强设计表现能力，通过学习掌握设计表现技巧，能弥补设计交流上存在的局限。

（二）设计

设计是把一种设想通过合理的规划、周密的计划，通过各种感觉形式传达出来的过程。人类通过劳动改造世界，创造文明，创造物质财富和精神财富，而最基础、最主要的创造活动是造物。设计便是造物活动进行预先的计划，可以把任何造物活动的计划技术和计划过程理解为设计。

设计，指设计师有目标有计划地进行技术性的创作与创意活动。设计的任务不只是为生活和商业服务，同时也伴有艺术性的创作。

随着现代科技的发展、知识社会的到来、创新形态的嬗变，设计也正由专业设计师的工作向更广泛的用户演变，以用户为中心的、用户参与的创新设计日益受到关注，用户参与的创新 2.0 模式正在逐步显现。用户需求、用户参与、以用户为中心被认为是新条件下设计创新的重要特征，用户成为创新 2.0 的关键词，用户体验也被认为是知识社会环境下创新 2.0 模式的核心。设计不再是专业设计师的专利，以用户参与、以用户为中心也为了设计的关键词，Fab Lab、Living Lab 等的创新设计模式的探索正在成为设计的创新 2.0 模式。

（三）设计方法

设计方法是一个通用概念，可能会或可能不包括特定方法的导向。有些是指导设计的总体目标。其他的方法是引导倾向的设计师。可使用相结合的办法，如果它们不冲突。

一些常用的方法包括：KISS 原则（保持简单愚蠢的），努力消除不必要的并发症；有一个以上的方式来做到这一点，一种哲学，以允许多个方法做同样的事情；以使用为中心的设计，这主要与使用的神器，而不是着眼于

最终用户的目标和任务。

（四）工业产品设计

设计是一个应用极其广泛的专业，设计可以改变人的思维模式、改变生存环境；设计也是美好梦想得以实现的途径。它包含美学、心理学、形态学、工艺制作、计算机辅助设计等内容。工业设计表现的包括透视原理、工业设计表现造型基础、工业设计质感表现、工业设计快速表现、工业设计彩色表现技法和工业设计产品造型资料。

工业设计专业设计师主要学习工业设计的基础理论与知识，具有应用造型设计原理和法则处理各种产品的造型与色彩、形式与外观、结构与功能、结构与材料、外形与工艺、产品与人、产品与环境、市场的关系，并将这些关系统一表现在产品的造型设计的基本功能。

广义上指为了达到某一特定目的，从构思到建立一个切实可行的实施方案，并且用明确的手段表示出来的系列行为。它包含了一切使用现代化手段进行生产和服务的设计过程。

狭义上指单指产品设计，即针对人与自然的关联中产生的工具装备的需求所做出的响应。包括为了使生存与生活得以维持与发展所需的诸如工具、器械与产品等物质性装备所进行的设计。产品设计的核心是产品对使用者的身心具有良好的亲和性与匹配性。

狭义工业设计的定义与传统工业设计的定义是一致的。由于工业设计自产生以来始终是以产品设计为主的，因此产品设计常常被称为工业设计。

二、工业设计中表现技法的发展现状

随着中国经济的快速发展，人们对工业产品消费需求越来越大、越来越高，它对我国工业设计提出了更高要求。我们必须要不断提升工业设计能力，才能有效提升中国工业产品的市场竞争力与国际影响力。因此，准确把握中国工业设计发展方向已经成为一个重要的研究话题，只有准确把握中国工业设计发展的方向，才能抢占发展先机。中国工业设计的发展经过了与世界发达国家和地区完全不同的特殊的发展历程。我们没有像它们那样从机器革命开始一路走来，历经了工业化时代的积淀和电子化时代的飞跃，当物质丰富时代到来之时，又稳步跨过信息化的门槛，进入到网络化时代；发达国家的工业设计及文化是和着一次次发展浪潮的节奏，伴随着一次次科学技术重大变革，以及激烈竞争的消费市场而一步步进化而来的。

（一）设计人员缺乏相关训练

工业设计人才需要掌握的知识包括美学、人机工程学、材料学、工程力学、设计心理学、市场营销学等。工业设计人员一般都初出校门，大学期间，他们不可能对这些专业知识了解深刻，只能是有所了解，所以设计师的设计作品凸显出来的主要问题是无法加工或高成本，其问题主要在于只重视设计师的设计表现技能而脱离实际解决问题的能力。设计是一个更新非常快的专业，没有先进的设计和资料作后盾，加上缺少实践经验丰富的师资力量，培养出的设计师大多出现实践能力不足现象。设计师应改变“重理论、轻实践”的观念。因此，设计师的设计课题应与企业的生产实践相结合，让设计师把自己所学的专业知识转化为技能，培养设计师发现问题、分析问题、解决问题的能力。

毋庸置疑，全球化背景和中国骄人的经济成就，追赶现代化的步伐所营造出来的政治、经济以及文化环境已经为工业设计发展创造了空前良好的条件。创意产业已经成为这个时代核心动力。伴随计算机技术的普及，人们的工作和生活方式发生了深刻的改变，产品设计的方式更是得到了跨越式的发展。今天很多设计师都利用计算机完成设计，而导致很大程度上忽视了手绘设计的重要性，认为只要有计算机就可以充分地表现产品设计的所有内容。而事实上，手绘有其天生的优势，比起计算机，手绘可以更快地对设计方案进行更改和修正。在某些时候，我们亦可以将传统手绘与计算机技术相结合，发挥两者的优势。但是，一切条件已经具备，我们却没有看到与之相适应的令人期待的结果。

（二）注重计算机轻视手绘表达

现在的工业设计学习越来越依赖计算机辅助工业设计，而忽视了手绘表现的重要性，随着经济与设计行业的快速发展，从事设计行业人员队伍的不断壮大，计算机制图在设计中的应用也越来越广泛，被业内人士所青睐，手绘表现图似乎已经失去了它原有的魅力，渐渐的被遗忘了。

手绘对于一个优秀的设计师来说十分重要，一个好的手绘表达是一个优秀设计的开始。当然不是说好的手绘图就是漂亮的手绘预想图，有时候手绘可能是简单笨拙的笔触，但也能将自己的设计理念表达得淋漓尽致。好的手绘是将设计师的创意想法很快表达出来的一种方式。好的手绘可以完整的表达出设计师的理念，而不是简单的效果图。作为优秀的设计师，学好手绘很关键，但更关键的是找到一种属于自己的表达方式。手绘不但可以帮助设计师快速地表达出自己的想法，而且可以通过线条的调整去快速把握设计的一个整体调性。设计的调整对一个优秀的设计很重要，手绘就能够通过简单的线条调整，达到快速有效的解决设计整体调性和比例线条的目的。

手绘可以在短时间内将设计师的创意表达出来，而一个好的设计师又很善于运用手绘来表达自己的设计理念。手绘和计算机效果图已经成为现代工业设计专业的有力工具，手绘可以快速地抓住脑中一闪而过的灵感，并通过手绘来进行形态分析，手绘不仅是记录想法的工具，更重要的，它还是进行形态思考的过程。灵感中的形态不一定是完美的，这时就需要手绘过程来进行形态的理性分析和改进，这时候要考虑很多问题：如形态美、结构的合理性，加工成型的可能性以及经济等各个因素都需要在手绘的时候就开始思考，这样的设计过程才是科学的，待方案成熟的时候（或者说客户满意的时候），这时候开始计算机逼真效果图的制作。

（三）企业缺少创新动力

20 世纪 90 年代以来，随着都市经济的发展，商务成本的提高，产业结构的调整，导致一些传统工业的衰退和外移。而创意产业作为一种新生的产业力量正在全球范围迅速崛起。创意产业已经成为世界很多大都市经济增长的新亮点。近年来，我国也都在结合各自的优势创建不同模式的表现技法。发展力度十分喜人。国家开始步入市场经济时代，企业在境内外竞争的过程中开始认识到设计的价值。企业的介入让工业设计开始有了活力，中国的工业设计逐步走出十几年的萌动期。使新千年以来中国经济飞跃发展，竞争机制逐步形成，大众需求日益增长，尤其是国际往来空前频繁，使得工业设计在借鉴和学习中快速发展。尤其是世界各国在创意产业化方面的作为给了我们诸多启示，国家及各级政府的政策支持更表明了工业设计的战略意义。

目前企业创新面临两大问题。一是条件不足，如创新基础差、能力弱、缺乏创新型企业家和技术人才、政策支持不到位等。二是动力不足，企业缺乏创新热情，对传统经济增长方式和原有企业发展模式的依赖仍很强。从总体看，自党中央提出增强自主创新能力、建设创新型国家战略以来，创新工作有了成效，但与党中央要求的还有很大距离。根据国家科技部统计，到目前为止，全国规模以上企业开展科技活动的仅占25%，研究开发支出占企业销售收入的比重仅为0.56%，只有万分之三的企业拥有自主知识产权。创新动力不足已成制约企业自主创新的核心问题。

但凡重视工业设计并将其纳入发展战略的企业，都是出于创新的需要。快速成长的中国企业，不能说对设计的创新意义没有认识，也不能说无动于衷或完全没有能力付诸行动，现实却是工业设计并未广泛成为中国企业的核心竞争力。这似乎是我国工业设计本身的问题。但是，许多境外企业却能在中国的土地上利用国内的设计资源形成它们的竞争力。内在动力是外部条件发生作用的前提。缺乏创新主体的内在动力，外部支持性政策的作用很难有效发挥，有的甚至会被扭曲，一方面可能会成为企业借机向政府要钱、要政策以及寻租获利的机会，另一方面则可能成为一些政府部门借机强化对企业干预、扩展部门权利的工具。“多个部门抓创新，但却不知谁负责”是各地反映较多的一个问题。由于“多龙治水”，扩权争利便难避免。

同时，企业愿不愿意创新，既取决于自身能力和企业家意识，又与国家环境密切相关。从创新规律看，一个国家的发展环境对企业创新动力的形成

和创新的程度有决定性影响。在生产要素导向阶段（即经济发展主要依赖自然资源、忽视环保、廉价劳动力等基本生产要素）和投资导向阶段（即靠大规模投资支撑经济发展），企业可以轻易获取廉价生产要素或大量生产订单，创新意识普遍不强，这两个阶段是创新不活跃期，此阶段发展环境的特点决定了很难产生大规模的创新活动。只有当国家经济转向或处于创新导向阶段时，大规模的企业创新才会出现，这个阶段是创新活跃期。如果说生活的需求是创新的源泉，那么企业的生产运营和推广过程则是实现创意价值的渠道；企业的创新活力必然是创意的动力。而企业的创新活力不仅体现在追求原创性方面，而且也体现在对设计资源利用的态度上。多年来形成了这样一种格局：院校负责培养和输送设计人才，企业只管挑选和使用设计人才。殊不知企业和院校是工业设计教育的共同体。客观来讲，院校本来就只是素质教育的基地，向社会输送的设计师只是半成品，有待进一步塑造。创新导向阶段之所以能产生大规模创新活动，是该阶段重大环境要素的特点决定的。根据迈克尔·波特的钻石理论和美、欧、日等国发展实践，能从根本上激发大量企业进行创新的重大环境要素，主要包括生产要素条件、市场环境、需求水平、产业环境、政府角色。这些要素既影响企业创新，也是决定产业发展和国家竞争优势的重要因素。

（四）大众在文化心态下原创意识缺失

工业设计从来就不是“阳春白雪”，而且，在全球化的背景下，越来越受制于大众的消费文化。“草根”群体的创新诉求也随着大众传播的发展越来越趋向于民主。长期以来，我们只以为设计可以造福大众、教化社会，但未根本理解大众意志也影响着设计的发展。

健康的市场环境。是大规模创新活动产生的基础。创新对市场环境的要求主要有四条：首先，有真正的市场主体。企业能基于内外部环境变化自主选择发展道路。其次，充分、规范的竞争环境。越是竞争充分的行业和地区创新越活跃，垄断和竞争无序会扼杀创新。再次，公平的发展机会。在“暴利”和“寻租”盛行的时代企业很难安心创新；在优待外资、排挤内资的不公平环境下，很难调动本国企业的创新积极性。最后，完善的法律环境。其中最重要的是财产和知识产权保护制度。尽管中国经济增长已位于世界前端，但仍属于后发国家。改革开放初期，当令国人趋之若鹜的进口产品无形中承载着外来文化大举进入国人的生活时，就让我们感觉到了文化落差的存在。无论是物质产品还是文化产品，都是异邦生活方式和价值观念的载体，总让我们以后以文化心态接受外来物质文明的同时，忽略了本国文化优势的一面。更大的问题是，在国际化背景下，人们越来越容易享受到各种现代化成果，在应接不暇、安于现状的情绪下，仰视优势文化的心态便弥漫着；在全球化语境下，很容易让我们放弃对自身的真正科学合理的需求进行思考，逐步从工具性需求转向情感化需求的中国大众原本更需要创新精神，而满足于优势文化产品的成果使我们的创新意识缺失了。

市场需求是企业创新的原动力。成熟、挑剔、且不断升级的客户需求会牵引企业走上持续创新的道路，低层次的需求条件则只能养活创新意识差、技术水平低的企业。国民的创新精神是民族自信的表现，这也必然要体现在设计者身上。近来不断出现的追求中国元素的设计，一方面体现了中国社会民族自信心的复苏，另一方面则反映了我们流于肤浅的创新能力。

（五）政策投入中的“隔靴搔痒”倾向

发达国家的设计经验告诉我们，政府的支持是工业设计发展的必要条件。我们已经切实感受到各级政府部门已经将设计纳入产业化进程，并分层次地开展产业化建设。但是，有一些倾向令人忧虑。

创新风险过大会吓跑企业，政府干预过多则会扼杀企业创新激情。中国正处在由要素和投资驱动经济增长向创新导向阶段转型时期。目前，离创新导向型环境还有距离。一方面，要素环境的转型在不同程度地向企业传递创新的压力和引力；另一方面，环境转型还远未完成，国家有关政策也未调整到位，从而决定了大量企业必然缺少创新的动力和激情。因此，要从根本上

解决中国企业创新动力不足问题，必须建立创新导向型国家环境。同时，环境转型的长期性也决定了一个国家大规模创新局面的形成也将是一个长期、艰苦的过程。忽视要素环境对创新的根本性影响、急于求成、表面文章等做法都是与创新规律相违背的。

包括工业设计在内的创意产业作为新的增长点已经成为一些部门制造亮点、成长业绩的平台，政绩效应催生了它们的活力。正是这种热情让创意产业泡沫化的倾向，使原本应有“草根”基础的创意事业精英化。拥有操作力和政策话语权的部门逐步成为行为主角，而真正应该对创意产业有所贡献的人士、团体以及民众却未能成为行为主体。各地的创意园区建设和各类大型活动的频频举办，让我们看到了一个期待已久的大好局面正在形成，而仍然有许多人却还只能摩拳擦掌地在局外观望。

让企业有创新动力没有捷径可走，不是出几项政策、加大些投入、宣传动员就能解决的。它是一项系统工程，其中关键是建立能逼迫和吸引企业持续创新的国家环境。这种环境的形成过程也是大规模创新出现的过程。应按照自主创新和经济转型相结合、各类环境要素政策相协调的原则，下决心理顺和调整要素政策。完善催生创新、保护创新的市场环境。市场环境得不到改善，就不可能出现大规模的创新活动。要进一步放开市场准入，提高竞争水平，打造充分、有序的竞争环境，强化竞争对创新的压力和推动力。加大财产权和知识产权保护力度，保护企业创新热情，让企业敢于创新。调整和制定有关需求政策，形成拉动企业创新的需求牵引机制。从需求侧研究和制定有关政策以拉动企业创新是发达国家的普遍做法。我们要改变多年来重厂商却轻需求管理的做法，调整和制定有关需求政策，如利用法律、行政、标准等手段提高需求标准，拉动产品或产业升级。改革政府采购的体制和机制，扩大政府采购对自主创新的支持作用，特别是要动用重大工程项目招标、重大技术采购等国家资源，为国内企业提供重大工程实践机会和创新产品的市场出口。

第二节　工业产品设计表现技法的运用

计算机的普及深刻地改变了人类的工作方式和生活方式，也影响到了产品设计的方式，甚至在某种程度上正在改变着工业设计的发展方向与观念。当前，众多设计师对计算机辅助设计的认识存在着一定误区，最突出的一点就是计算机万能论，即忽视手绘设计的重要性，一味地强调计算机技术的设计表现功能，认为只要通过计算机辅助设计就能充分表现产品设计。事实上，不论计算机产品表现还是手绘产品表现，其目的都是为了使产品设计得到有效呈现并准确传达设计理念。手绘作为传统设计表现技法有其特有优势，并在设计素养形成中有着重要的潜在促进作用。

一、手绘表现技法在设计中的作用及影响

设计是一种创造性的活动。设计的基本出发点是人的大脑的创造性思维，在这点上计算机是不可能代替人脑的，它仅仅作为一种工具在辅助人脑工作。手绘技法的优势还在于手和脑的协调配合。只会用口说而不会用手画的设计表达是苍白的。而在看似简单地写、画或涂过程鸦中，其实是人脑进行积极思维设计探索的外在表征。一个有创意的设计，其灵感的火花是在“想”和“画”的肯定与否定的反复碰撞中迸发出来的。抽象形象与具象形式的互动，能极大地激发设计灵感的产生和创意的萌发。设计思维具有突发性，手绘表现技法可以更好地对其加以捕捉和记录。如果仅凭计算机绘图技术表现设计，很容易使设计在构思开始时就陷入具体形态和尺寸的框架中，而且从时效性看，计算机表现难以在创意灵感迸发的瞬间给以较好的存记，不利于进一步激发设计者的创作思维。

手绘表现技法作为一个特殊的画种，它独特的技法与表现形式，是设计理念最直接的体现形式，对设计师有着多方面的素质要求。手绘是设计创造

性思维的一种快速提现，是灵感的一种快速记忆与表达。在设计初期，设计师往往不能十分确定自己的最终设计方案，设计师的设计意识是模糊不清的，而贯穿于整个设计过程，直到最后设计定稿，设计师都是在不断地创造、不断的协调，这个阶段设计师往往是通过手绘来记录尤其是其中不断碰撞出现的设计灵感，在这个阶段计算机设计是无法替代的，人的灵感是需要快速捕捉的，就像一个好的镜头需要设计师的抓拍，而此时手绘就充当着相机，把设计师的灵感迅速抓拍下来。

产品设计表现图是整个产品设计过程中最为重要的阶段，产品设计表现图可以说是产品设计的通用语言，也是产品设计者必用的交流工具，也是设计者向它人传达设计创意的基本媒介，是设计者需要掌握的一种最基本的技能。产品设计表现图具有能够化无形为有形，展现设计者创意的作用、充当一种设计语言的作用、能够传达真实表现效果的作用、能够展现设计者设计素质的作用等。手绘表现在设计创意呈现和设计表达交流两个方面有着独特的表现优势。设计表现是一种直观的视觉形象语言，是对产品的功能、形态、材质、色彩等的深入展现，通过具象的图形，真实、完整地表达设计创意，以便与客户进行沟通和交流。在沟通过程中，设计师需以一种快速便捷的方式将大脑中的大量设计构思转换成可视的形象呈现在纸面上，以便就方案进行讨论。

设计师离不开手绘，因为设计师离不开“随意”，“随意”是设计师瞬间灵感的表现。手绘是设计的原点，手绘记录的事设计的一个过程，并不是设计的最终，设计的最终可以由计算机来完成，计算机设计可以把设计最终方案做得很完美，但是优秀的设计方案都来源于设计师的灵感与创造，随手的勾勾画画却都可以为设计师带来很多灵感，每一个优秀的创意设计，都是设计师理念的延续，著名设计师贝聿铭就是一名手绘大师，它的设计作品都是在它灵感的撞击下汇总而来的，设计源于它的生活，它随时准备拿出纸笔记录着任何东西、场合等带给它的点滴灵感。

二、产品手绘表现图的特征

（一）快速性

在设计的过程中灵感往往稍纵即逝，这就需要设计者快速并准确地记录下来，而产品手绘表现图可以说是设计者最快的表现工具。简单的一支笔和一张纸，就可以把自己脑海中的灵感快速地表现出来，使得灵光一现的无形的思维展现在纸面上，可以说，产品手绘表现图是设计者必备的表现技能，是最快捷、最方便的设计工具。在设计当中，对手绘的要求可以使设计师养成“边画边看边想”的习惯，这样可以使设计师处于设计连贯中，而不是一味地坐在计算机面前机械的绘图，尤其对于刚刚开始学习的设计师，本身设计底子就浅薄，过早的接触计算机，而不培养手绘能力，只会坐在计算机前空想，久而久之设计思维就会被禁锢，尤其软件当中带有很多素材可以直接使用，更是增加了其思维的懒惰性，慢慢地就会与设计背道而驰，只会绘图不会设计了。而手绘则可以使设计者思维不断变换，快速记录自己的想法，创造更多的灵感。

（二）直观性

产品手绘表现图可以直观地表现出设计者的构思创意，把脑海中无形的思维转化为直观的图形，化抽象为具象，让客户或者企业其它部门人员，甚至非专业人员看到表现图都可以了解设计者的创意。它可以完整地展现产品的形态、结构、细节、色彩、材质、光影等属性。实用性产品手绘表现图在产品设计的整个过程中是一个不可或缺的步骤，通过产品设计表现图，把设计者脑海中抽象的创意具象地展现在人们眼前，化无形为有形，可以使得客户及其它部门的人员很好地了解设计者的产品设计意图，具有良好的实用性。

产品设计手绘表现技法的主要意义在于可以让产品设计师更加方便、快捷地记录设计语言，表达设计构思，还可以启发产品设计师的灵感，提高设计分析能力和表达水平。手绘作品具有强烈的艺术表现力，展现出设计草图特有的线条美，给人以轻松、自然的视觉效果，符合现代人的审美观念，具

有强烈的时代特征。在设计中，手绘表现不仅可以培养设计师的整体思考表现能力，也可以锻炼设计师的形象记忆能力，同时带来便利，方便教师授课、与设计师沟通，将设计理念通过手绘表现快速地进行沟通，缩短了师生距离也提高了设计效率。作为一名合格的设计师，快速向客户表达自己的设计理念是必备条件之一，而手绘表现最大的特点就是快，作画时间短、概括性强，要求设计者必须对所要描述的对象的形象有高度的概括，要用简洁的变现语言展现给客户，是对方能够了解其设计意图及内涵，因此，手绘表现可以培养设计师的高度概括力以及敏捷的思维表现力。

王受之教授曾经这样说过：“所谓设计，指的是把一种计划、规划、设计、问题解决的办法，通过视觉的方式传达出来的活动过程，它的核心内容包括三个方面，即计划、构思的形成；视觉传达方式，即把计划、构思、设想、解决问题的方式利用视觉的方式表达出来；通过传达之后的具体应用。”通过这段话，我们可以这样来理解：贯穿与整个设计的是灵感是思维，设计的核心是创造，而表现只是设计思维的一种表达形式。

三、正确处理手绘表现与计算机设计制图的关系

手绘固然很重要，但也并不是排斥计算机，手绘与计算机在设计中是相互依存的，我们不能评价手绘与计算机哪个好，只能说哪个都很重要，都不能缺失，它们之间是密不可分、相融互补的。它们各有各的优势，手绘表现可以是计算机制作的基础，设计中常常出现偶然性，那么这是就需要快速记录下这些偶然，这时手绘就显得非常重要，如果没有手绘功底，那么一些设计灵感就无法记录下来。而计算机是对设计过程的一个总结，计算机可以制作出非常完美的图片，这是手绘所不能比拟的，从视觉角度看，计算机设计的逼真性要远远高于手绘表现。因此，我们不能说谁好谁坏，只能说它们各自有各的特点。

科学的进步绝不是为了让传统文化消失；技术的进步也不是为了让手工技艺衰亡。计算机的出现和发展能够提高效率和质量，但是计算机不能替代

人的创造和情感思维。如果设计师对于基本的美的理论、技术和美感都很差，那么无论它对计算机软件掌握得多么熟练，也无法充分表达想要的形象，通过手绘草图的训练所掌握的技术和获取对“美”的感悟是计算机无法替代的。因此，在设计院校应该充分强调手绘表现技法的重要性，让设计师们对手绘表现技法能有一个正确的认识。要成为一名优秀的设计师，手绘技法的掌握非常重要，因为一个出色的设计师要把它的创意设计在很短的时间内表达出来，同时一个优秀的设计师也非常善于利用手绘来表达自己的创作理念。

手绘的艺术特点和优势在设计表现的手法和形式中决定了在设计中的作用和地位，它的表现技法和技巧有着纯天然的艺术气质，设计师将其设计思维与艺术之间的这种默契及对艺术美的表现作为它们追求的目标。手绘表现是集绘画艺术的技巧与方法于一体，因此所表达出来的艺术风格与效果带有纯天然的气息，这种表现手法的随意自由性提升了它的优势和地位。它是一种自然美的创造手法，手绘是设计的一种表达，它最终所追求的是艺术的美感，因此艺术是手绘的灵魂。

第三节　工业产品设计表现技法的发展趋势

产品设计表现技法是工业设计专业的一门专业基础课程，其目标是让设计师掌握产品设计快速表现及精细效果图绘制的能力。设计表现就是设计师在设计过程中运用各种方法与手段来表达设计构想及传达设计信息，是整个设计过程的重要环节。传统的设计表现强调效果的逼真，手绘的技法。而今，随着科技的迅猛发展，产品设计表现技法也越来越多地借助计算机技术，设计表现更是跳出了表现的框架，越来越突出对设计思维的体现，更注重借助表现技法去表达创意。在计算机技术迅猛发展的时代，我们需要看清产品设计表现技法的发展趋势，理解表现技法的意义，在训练中充分把握手绘表现和计算机表现的特点，发挥设计师的个性，培养设计师的创意念能力，使设计师熟练掌握各种表现技法，培养素质全面的优秀设计师。

一、工业设计中表现技法与运用的发展现状

所谓设计表现，是设计人员运用各种媒介、材料、技巧和手段，以一种生动而直观的方式说明设计方案构思，传达设计信息的重要工作。一个好的设计方案构思必须要有极具说服力的设计表达，将设计方案中最有价值的部分真实而客观地呈现出来，以便对设计方案进行研讨和决策。因此，设计表现是整个设计过程中的一个重要环节，也是设计人员应该具备的一项基本专业技能。

手绘设计表现技法是一个从无形到有形，从想象到具体，将思维物化的过程。它是客观的，具有十分明显的实用价值；它能够快速、忠实地表现设计的完整造型、功能、结构、色彩、材料、量感；它具有高度的说明性。手绘设计表现图在现实工业产品中的作用是巨大的，它是设计者和生产者之间进行交流的媒体之一，是一种交流语言；是设计者和设计者之间的交流语气是设计者自身设计设想的表达和鉴定、修改的有效途径，是一种自我独立、自我语言的交流。

二、工业设计表现技法的发展趋势

随着计算机辅助设计技术的迅猛发展，使得产品设计的效果呈现出了过分依赖计算机的态势。而手绘作为传统的表现技法，有着自己独特的表现效果和表现优势，手绘表现技法容易启发设计的灵感和创意，方便传达设计创意和设计理念，具有强烈的个性表现风格。在计算机时代，产品设计手绘与计算机表现技法的结合是产品设计应有的取向。

目前，世界经济一体化，经济全球化推进，科技发展日新月异的今天，市场竞争日趋激烈，传统单一学科远不能满足需求，各种理念、技术、层出不穷、依次出现在人们的视野中，由此引起一场新的市场需求风波：普通工业机械产品的实用性、宜人性、外观性的要求也相对的有提高。工业设计作为国家政府重点培养的一门新兴学科，目前在我国还是存在一部分人不太明确工业设计的设计范围，也不太明确工业设计在产品设计上的作用，还是有一部分人认为工业设计就是从事外形包装设计而忽略工业设计对产品，以及生产线的改进作用，并且对于工业设计优秀的设计方法和理念往往长期被国内的传统机械产品企业忽视。工业设计专业一直遵循以下原则：创造性原则；市场需求原则；使用者优先原则；注重安全原则；企业目标原则；易于掌握原则；美观性原则；保护生态环境原则。由此可见，凭借工业设计的潜力，和其优秀的设计水平，以及新颖理念，毫无疑问地会赋予机械产品更加优秀的宜人理念和更加精良的加工品质，更加新颖的视觉效应。

（一）工业设计表现需要计算机表现作补充

手绘和计算机的表现技法效果都有优缺点，手绘技法有手绘的特有效果，如手绘的随意性、笔触感等；而计算机表现比手绘更接近真实，尤其是表现产品的材质、光影及其对环境的真实模拟再现。正因为这些差异性存在，所以两者之间有很强的互补性：可以根据不同的产品设计类别，再依据具体的设计目标要求来选择不同的侧重点，通过虚实结合来突出主要表现对象或表现细节，如在产品设计中，单个产品的色彩搭配、系列产品的色彩方案至关重要。手绘技法在这一部分的表现与调整过程中很大程度上是在做重复工作，但计算机技法却能将其便捷、迅速地实现。

由于当今市场竞争日益激烈与科学技术进步的加快，使得产品开发的技术含量与复杂程度日益增加，同时也由于产品的生命周期不断地缩短，因此，缩短新产品开发的周期、提高新产品开发的技术水平、降低新产品开发的成本，并保证上市后产品的上市周期，是当前新产品开发着重要解决的问题。寻求产品设计空间属于多学科交叉技术，涉及众多的学科和专业技术知识，它是随着科学技术的发展，特别是计算机辅助 CAX 技术的发展，开始广泛地应用于企业的生产与制造之中。由于寻求产品设计空间在新产品开发过程中的应用，使产品设计实现更自然的人机交互，系统考虑各种因素，使相关的人员之间相互理解、相互支持，有得于提高了产品设计的一次性成功。从

而缩短产品开发周期，降低生产成本，提高产品质量，给企业带来了更多的商机。

手绘表现效果与计算机技法在色彩方案设计和调整中的结合，可以在保留手绘主要特征的同时完成色彩方案的构建及色彩效果的修订，赋予色彩更强的张力，如提高色彩纯度，调和更为丰富的色相。除了计算机表现技法的特色效果使单纯的手绘表现效果更加多元化之外，后期计算机处理也十分必要，比如可以通过计算机弥补前期手绘中某些不可修改的不足，最常见的例子是修正某些由于手绘失误而被破坏了的整洁性或补充渐变中的过度均匀感；还有，文字说明书等手写内容都可以由整齐的、标准的字体来替代，使文字更加清晰，不会因为绘制者书写上的缺憾而影响甚至破坏画面效果。

（二）工业设计表现的传播范围借助计算机网络而扩大

英国作为世界上最早发生工业革命的国家，其工业设计有着悠久的历史，也是现代设计最早发生的地方。然而，英国却从工艺美术运动发生之初开始，就陷入了永无休止的理论争执之中。无论是在理论上，还是在设计实践中均无大的发展，落后于时代潮流。然而，在20世纪初，英国政府对自己的工业生产状况进行反思，逐步认识到英国现代设计的落后，根本原因在于：第一，热衷于理论争执，忽视实践探索；第二，政府不重视，没有进行引导和给予支持。所以，“二战”后的英国政府对设计十分重视，各种设计组织展开了卓有成效的工作。在英国政府扶持型的发展模式之下，英国工业设计的组织及活动得到规范，全民对设计的尊重和认识得到提高，工业设计的专业地位得到巩固。同理，在日本这个科技高速发展的国家，工业设计的发展也至关重要，一个关键原因是政府进行了干预，在这个领土有限的岛国，物资匮乏，不能从能源上占优势，所以日本的设计方向在于节能，节约材质，产品简约轻便小巧，例如，在20世纪中期，在两次石油危机后，日本设计在理念上推出节约能源设计，理性设计等。

计算机在信息传播速度上比传统纸媒方式迅速得多，其信息受众范围也远远超越了后者。手绘设计方案可以通过互联网传播，接受广泛的评议，从而获得更多的建议，达到开阔设计师的思路，收到集思广益的效果。同时，手绘既可以是设计方案的表达，又可以是手绘作品的呈现。作为前者，使设计方案得到更多人的评价和建议；作为后者，则较多地从审美的角度对其绘画风格、技法独特性进行赏析，这种变化也反过来影响到了手绘表现技法。目前，有诸多手绘论坛提供了展示交流的平台，使学习者有平台相互学习讨论，客观上也促进设计手绘的传播与发展。

同时，虚拟装配设计是虚拟设计在新产品开发方面具有较大影响力的一个领域。虚拟装配采用计算机仿真与虚拟现实技术，通过仿真模型在计算机上进行仿真装配，实现产品的工艺规划、加工制造、装配和调试，它是实际装配的过程在计算机上的本质体现。目前，就其技术而言已经成熟，虽尚没有商用虚拟装配系统，也尚未充分地应用于新产品开发的分析和评价，但这项技术在新产品开发中已得到肯定，并具有很重要的意义。过去传统的产品开发，常需要花费大量的时间、人力、物力来制作实物模型进行各种装配实验研究，力求在产品的可行性、实用性和产品性能等方面进行各种测试分析。现代设计要求设计人员在虚拟产品开发早期就应考虑装配问题，在进行虚拟装配的同时创建产品、分析装配精度，及时优化设计方案。虚拟装配的第一步是在 CAD 系统创建虚拟产品模型，然后进入并利用虚拟装配设计环境系统，产品开发人员在 VADE 系统中开展工作，借助虚拟装配设计环境系统，设计人员可以在虚拟环境中使用各种装配工具对设计的机构进行装配检验，帮助设计人员及时发现设计中的装配缺陷，全面掌握在虚拟制造中的装配过程，尽可能早地发现在新产品开发过程中的设计、生产和装配工艺等问题。利用这个虚拟环境，评价产品的公差、选择零部件的装配顺序、确定装拆工艺，可将结果进行可视化处理。

此外，过去的实践表明，工业表现设计的纯功能产品是缺乏市场竞争力的，艺术家创作的纯艺术作品仅供观赏，缺乏实用价值。在经济全球化、社会变异和技术创新的 21 世纪，生产与工艺通化，大部分行业受到相当程度的冲击，工业设计与机械设计在现代社会中所扮演的角色与任务也面临重新

自我检视与调整。工业设计与机械设计进行更紧密的结合是时代发展的需要，是提高我国产业技术创新能力和国际竞争力的有效途径。机械设计工程师和工业设计师迫切需要携手并进、通力合作、提高设计水平，为市场提供优质的设计服务和优秀的产品，开辟工业设计与机械设计合作的新篇章。

总之，计算机虚拟与再现技术在产品设计领域的广泛运用，对于传统的产品手绘表现技法而言，是一种挑战，也是一种机遇。一方面，前述的手绘表现技法较计算机效果表现的优势将一直存在，另一方面，两者表现优势与特质的互补性使得两技法的融合成为一种发展方向。于是，产品设计手绘表现技法在当下也呈现出了新的发展趋势。

第七章　工业产品设计的手绘表现

第一节　工业产品手绘表现概述

电子产品、计算机、网络的普及，使设计的表现手法越来越丰富，尤其是计算机的广泛应用，符合当代设计高效率、工业化的要求，受到越来越多业内人士的青睐。手绘表现形式则渐渐被遗忘，但手绘能力自身的特点以及优势是其它表现手法所不能替代的，更是一名优秀设计师必须具备的基本能力之一，不容忽视。

手绘效果图是当代设计师表达自己思想的基本工具和途径，也是设计师表达设计思维、体现内心与灵魂的载体，是沟通设计意图的工程技术语言。

一、手绘表现图的现状

手绘是从事建筑、服饰陈列设计、橱窗设计、家居装饰设计、空间花艺设计、美术、园林设计、摄影、工业设计、视觉传达等专业学习的设计师一门重要的专业必修课程。设计是设计人员运用各种媒介、材料、技巧和手段，来传达设计信息，以一种直观的方式展现设计方案的重要工作。工业产品设计主要有两种表现，一种是手绘效果图表现，一种是计算机效果图表现，这两种表现方式都是工业产品设计过程的重要环节，其地位都是举足轻重的。

手绘与我们的现代生活密不可分，建筑、服装、插画、动漫，手绘的形式分门别类，各具专业性，对建筑师、研究学者、设计人员等设计绘图相关职业的人来说，手绘设计的学习是一个贯穿职业生涯的过程。在设计表现图绘制过程中，一方面，设计师通过手中的笔，来表现和传达自己的设计思想和审美理想；另一方面，它人可通过图形来解读设计师的设计意图并从中获得美感。

手绘培训是一种以手绘技能需求为对象的教育训练，对现代社会设计美学的传承有着不可取代的现实意义。计算机问世以来，计算机效果图就进入工业产品设计行业，计算机设计的特点是精确、高效、便于更改，操作便捷。尤其是再现真实上，计算机设计无疑比手绘方式要方便和有效得多。然而，给手绘效果图带来了很大的冲击，使得手绘效果图在主流趋势下受到了极大的挑战。重视不够，课程开设少，要求还较低，导致大多数人认为手绘设计效果图已经落后过时，不受它们的青睐，也没有掌握的必要性。设计师进入大学就热衷各种计算机绘图软件的学习，从而忽略了设计师基本素质和基本能力的培养。因此，设计师到了现场用笔来表达设计构思和设计效果时，便十分生疏和茫然，不知如何落笔。

二、手绘表现图在工业设计中的重要性

（一）方便与客户洽谈

在表现的手段和形式中，手绘的艺术特点和优势决定了在表达设计中的地位和作用，其表现技巧和方法带有纯然的艺术气质，在设计理性与艺术自由之间对艺术美的表现成为设计师追求永恒而高尚的目标。设计师的表现技能和艺术风格是在实践中不断地积累和思学磨炼中成熟，因此，对技巧妙义的理解和方法的掌握是表现技法走向艺术成熟的基础，手绘表现的形象能达到形神兼备的水平，是艺术赋予环境形象以精神和生命的最高境界，也是艺术品质和价值的体现，更是体现人们对生活的追求。在以往的设计中，必须要实践和工程技术人员进行沟通和交流的概念。无论是独立的设计，或出售它们的设计，以客户为导向的营销自己的设计思想，我们已经提交了一份提案，记录每个客户的要求和图形表示。

（二）及时记录创意

设计表现图是设计师在创造过程中，将抽象思维转变为外化的具象图形的一种表现形式。也是培养艺术设计类设计师形象思维、设计分析及方案评价的有效方法和途径。设计是表现的目的，表现为设计所派生，脱离设计谈表现，表现便成了无源之水、无本之木。但同时，成熟的设计也伴随着表现

而产生，两者相辅相成互为因果。

手绘表现是判断把握环境物象的空间、形态、材质、色彩特征的心理体验过程，是感受形态的尺度与比例、材质的特征与表象、色彩的统一与丰富的有效方法，是在设计理性、直觉感悟、艺术表现的嬗变过程中对创意方案的美学释义。手绘表现因继承和发展了绘画艺术的技巧和方法，所以产生的艺术效果和风格便带有纯然的艺术气质，其手法的随意自由性确立了在快速表达设计方案记录创意灵感的优势和地位。

当有一个好主意，当录制快速随机抽取，手工绘制的草图来帮助我们自由思考、创造、分析问题，积极的态度，并在大脑发育，可以很快地跃然于纸上的文件，最初的设计概念改善。免费计划，以形成草图准备的关键，但计算机在这方面确实有其不便之处。

良好的设计，很好的启发闪光灯，在草案的过程中最清晰，草图不能低估。形成最终的解决方案，从最初的草图酿造、酿造性能，是分不开的，如果使用的是计算机绘画，计算机机目前的技术，也有诸多不便。该计划的纲要草案，将直接影响积极与否，业主的质量甚至会影响到工程设计的竞标。性能的渲染更加正规和严格，独立和创意设计清楚地表达了预期的效果，视觉思维，创造性的想象力，三个绘画技法相结合，可以充分体现设计理念和审美情趣。

（三）丰富工业设计的材料

手绘表现是专业设计师必备的一项技能。手绘表达的过程是设计思维由大脑向手的延伸，并最终艺术化地表达出来的过程，不仅要求设计师们具有专业深厚的绘画表现功底，还要求设计师具有丰富的创作灵感。手绘效果图作为一种经济产品，要被付诸实现就必须具备一定的科学性。手绘效果图是通过绘画形式来表现设计构思的创意，具有一定的艺术感染力。当代手绘的发展使手绘作品逐渐升华为一种精神财富，从而具有更高的艺术收藏价值。

一个经验丰富的设计师，必须有丰富的设计元素，以应付各种设计。在长期的手绘效果图实践中锻炼自己的风格、美学，这种综合能力，是至关重要的。

（四）满足现代心理学的需要

现代心理学是一个有着一定规模、对人类生活的各个领域都产生深远影响的学科。但是，现代心理学也有着许多矛盾和冲突，面临着分裂和破碎、脱离社会生活等尴尬处境，有时这些问题似乎非常严重，以至于直接影响到学科的发展和生存。探索现代心理学所面临的这些问题，尝试提出解决这些问题的方法，是本理论体系的主旨。心理学从来就不是一个统一的学科，用科学哲学家库恩的话来说，心理学缺乏一个稳定的“范式”，从来没有像其它规范科学那样拥有一个学科共同体都能接受的理论基础。

由于手绘的速度，高效率的丰富，艺术性强的画面效果；在这样一个快速发展社会中，越来越多的人开始追求精神的发展返璞归真，所以手绘效果图满足了人民群众的生理和心理需求。各种形式的手绘效果图很受欢迎，如水彩，水粉，透明，彩色铅笔，标志和其它工具，来表达不同的结果的属性。这是一个计算机效果图无法比拟的。

审美的角度来看，需要多元化，手绘效果的多样性，以满足人们的审美需求。复杂的计算机图形，和发展的时代和生活节奏加快的感觉，将逐步显现，这将重新认识手绘效果图的重要性，手绘效果图是相同的手工制品，机械产品，如出生，不会消失。因此，手绘效果图的特点，符合现代人的审美心理需求。

第二节　工业产品手绘表现的基本工具及材料

随着经济与设计行业的快速发展，从事设计行业人员队伍的不断壮大，计算机制图在设计中应用的越来越广泛，被业内人士所青睐，手绘表现图似乎已经失去了它原有的魅力，渐渐地被遗忘了。

手绘对于优秀的设计师来说十分重要，它可以在短时间内将设计师的创意表达出来。一个好的设计师应该善于运用手绘来表达自己的设计理念；一个好的手绘表达是一个优秀设计的开始；一个好的手绘是将设计师的创意想

法很快表达出来的一种方式。

一、手绘表现的基本工具

（一）绘图用具

绘图铅笔、自动铅笔、针管笔、签字笔、彩色水笔、马克笔、金银黑白笔、荧光笔、毛笔、喷笔、排笔、水彩画笔、鸭嘴笔、蘸水笔、铁笔等。

绘图铅笔、自动铅笔、针管笔、签字笔设计初稿时，运用最普遍的工具。

彩色水笔、马克笔、毛笔：用于描绘、着色。

金银黑白笔、鸭嘴笔：用于细部描绘，勾勒和刻画，画物体的高光部位。

排笔、喷笔：用于涂背景，大面积着色。

（二）绘图仪器

绘图用的工具，宜求正确、精密、质优，误差小的绘图仪器。包括直尺、丁字尺、曲线尺、卷尺、放大尺、比例尺、三角板、槽尺（自己制作，市面无售）、切割用的直尺、万能绘图仪、大圆规等。

（三）其它用具

调色用具：调色盘、碟、笔洗。色标、描图台、制图桌及其他工具（包括裁纸刀、刻模用的各种美工刀和刻刀，以及胶水、胶带）。

二、手绘表现的应用材料

（一）颜料

水彩颜料、压克力颜料、广告颜料、中国画颜料、荧光颜料、彩色墨水、针笔墨水、染料，还有照相透明色等。

（二）纸张

设计用的纸特别多而杂，一般市面上的各类纸都可以使用。使用时根据自己的需要而定。但是太薄、太软的纸不宜使用。一般纸张质地较结实的绘图纸，水彩画纸、水粉画纸、白卡纸（双面卡、单面卡），铜版纸和描图纸等均可使用。市面上有进口的马克笔纸、插画用的冷压纸及热压纸、合成纸、彩色纸板、转印纸、花样转印纸等，都是绘图的理想纸张。但是每一种纸都需配合工具的特性来呈现不同的质感，如果选材错误，会造成不必要的困扰，降低绘画速度与表现效果。例如，平涂马克笔不能在光滑卡纸上和渗透性强的纸张上作画。

（三）重要性

高新技术是推动现代经济和社会发展的强大动力，而新材料是高新技术的基石，新材料的发现推动了高新技术的发展。随着工业设计专业和科技的迅速发展，设计材料日新月异，品种繁多，设计工作者只要留意材料的信息，适时恰当地选择材料，适当地运用到设计当中，可取得事半功倍的效果。一个好的手绘表达是一个优秀设计的开始。当然，不是说好的手绘图就是漂亮的手绘预想图，有时候手绘可能是简单笨拙的笔触，但也能将自己的设计理念表达得淋漓尽致。好的手绘是将设计师的创意想法快速表达出来的一种方式。

材料与食物、居住空间、能源、信息共同组成了人类生活的基本资源。从古到今，材料与人类日常生活密切相关。材料的发展与进步不断改善与提高人类的生活质量。可以看到，历史学家早就按人类使用材料的特点来划分历史发展的阶段。远古时代，人类只能使用天然的石头作为工具，故称之为石器时代。火的发现使人类多了一种改造自然的武器，人类对材料的使用由天然材料向人工材料发展，开始了陶器时代，接着是铜器时代、铁器时代、钢铁时代和新材料时代（即信息时代）。就现代生活来讲，人们的衣、食、住、行、休闲、娱乐更是样样离不开材料，新材料的出现使人们的生活质量发生了极大的变化。好的手绘可以完整的表达出设计师的理念，而不是简单的效果图。作为在校的大学生，学好手绘很关键，但更关键的是找到一种属于自己的表达方式。手绘不但可以帮助学生快速的表达出自己的想法，而且可以通过线条的调整去快速把握设计的一个整体的调性。设计的调性对一个优秀的设计很重要。手绘就能够通过简单的线条调整，达到快速有效地解决设计整体调性和比例线条的目的。

第三节　工业产品手绘表现的主要技法类型及特点

随着我国设计行业的不断发展壮大、人们审美水平和要求的提升，设计中的表现手段也在发生变化，尽管手绘表现在艺术设计方案表现中不占据主导地位，但是也对设计表现产生深远影响。我们需要对于手绘表现技法进行研究，要不断创新并采取应用式长期式进行下去。我们需要对手绘表现技法有清晰的认识，在继承传统手绘表现技法精髓的同时，需要与时俱进，对手绘表现技法进创新，体现出时代特色。不能完全依赖计算机设计，要把手绘设计和计算机设计进行有机结合，与行业接轨，通过精湛的方案设计展示手绘表现技法的艺术魅力。总而言之，在广阔的艺术海洋中，设计者需要不断探索与追求，采取成熟的手绘表现技法，促进设计行业的发展。

一、设计中的色粉表现技法

（一）基础训练中掌握色粉的特性

色粉画已经有很悠久的历史了，早在旧石器时代人们用不同颜色的石块研磨成粉状的颜料在洞穴中描画它们的劳动场面。到文艺复兴时就发明了用矿物质制成的色粉画笔，大师们用它来绘制创作稿，大多数是单色。直到 17 世纪以后才逐渐从单色发展到多色，许多艺绘画大师都曾使用过色粉来创作杰作，其简便、明快、具有很强的表现力，使色粉画载入了史册。

色粉画的创作工具由颜色、用途各异的色粉笔绘制而成。色彩简单地被画在纸上或画板上，整个过程完成得迅速快捷，即画的就是人所观察到的，不用准备颜料，也不会因某些原因使颜色发生变化。这种简单的创作形式也适用于复杂的情形，对此，许多色粉画家都在它们的作品中有所体现。色粉画既有油画的厚重又有水彩画的灵动之感，且作画便捷，绘画效果独特，深受西方画家们的推崇。

色粉画的固定，必须用特制的油性定画液。也可用透明玻璃（纸）来保护画面。由于色粉颜料质地较为松软，勾轮廓稿时最好用炭笔（条），不宜用石墨笔勾绘，用纸方面，最好使用本身具有细小颗粒状的纸张，以便颜料可以更好地附着于画面上。色粉笔颜料是干且不透明的，较浅的颜色可以直接覆盖在较深的颜色上，而不必将深颜色破坏掉。在深色上着浅色可造成一种直观的色彩对比效果，纸张本身的颜色也可以同画面上色彩融为一体。笔触和纹理：色粉笔的线条是干的，因此这种线条能适应各种质地的纸张。这种干性材料，像其它素描工具一样，要依据纸张的质地。一张有纹理的纸允许色粉笔覆盖其纹理凸处，而纸孔只能用更多的色粉笔条或通过擦笔或手揉擦色粉来填满。

用色粉绘画前的准备工作也很简单，不需要松节油等其它材料，现成的颜色携带方便、快捷，外出写生、速写收集色彩素材等都是很好的选择。由于色粉是以粉状颜料调以白黏土和黏着剂制成的粉笔来作画，粉末的散光性强，因而画面效果不会产生反光，可以在任何光源的角度里作画，完成的绘画也不会因为反光而产生闪烁感，而且粉末不含油质，画面不会开裂。纸张的纹理决定绘画的纹理。纸的颜色对色粉画很重要，因为这一技法的特点之一就是具有亮调子覆盖暗色背景的能力。用手指、布调和色彩：布、纸制擦笔和手指都可以作为调和色粉笔的工具。布主要用于调和总体色调，而总体色调中的具体变化则多用手指，因为用手指刻画形体时更为方便。用手指调和色彩时，力的轻重可以自己掌握。用力较轻，底层的颜色就不会跑到表层上来。用手指调和还可以控制所调和的范围，不至于弄脏周围的颜色。

总之，从表现效果来看，色粉画兼有水彩和油画的艺术效果，具有非常独特的艺术魅力，在塑造和晕染方面也有独到之处，色彩常给人以清新之感，没有表面反光也没有油画那样表面凹凸不平，远看近观皆相宜。且色彩变化丰富、绚丽、典雅，最适合用它来表现细腻变幻的物体。

（二）设计效果图中体现色粉的优势

色粉画从效果来看，它兼有油画和水彩的艺术效果，具有其独特的艺术魅力。在塑造和晕染方面有独到之处，且色彩变化丰富、绚丽、典雅，它最

宜表现变幻细腻的物体，如：人体的肌肤、水果等。色彩常给人以清新之感。从材料来看，它不需借助油、水等媒体来调色，它可以直接作画，如同铅笔运用方便；它的调色只需色粉之间互相撮合即可得到理想的色彩。色粉以矿物质色料为主要原料，所以色彩稳定性好，明亮饱和，经久不褪色，如吉多雷尼（1575-1642）用色粉画的画，至今尚存，色彩如新。色粉画表现力非常强，色粉的色相非常鲜艳、饱和，既可以画得很强烈又可以画得特别柔和。色彩靠干擦揉抹，堆积覆盖，因而画面较为浑厚，细微颗粒状的笔质使它显得轻快而疏松，有粉粉的亚光效果，有的还有荧光闪闪发亮的效果，会呈现天鹅绒般的色彩美感，这是其它画种很难达到的，色粉的变化之大、适应之广使得它在设计效果图的绘制中也发挥着相当大的作用。

1．色粉着色

由于色粉颜料的覆盖力强，所以只能施以浅色。首先勾好线稿，上色时可先找好所要用的颜色，用小刀将色粉棒上的粉轻轻刮下，再用棉或软纸巾沾上色粉轻轻地在上色的部位涂抹，用力均匀，注意填充的边界，也可直接用手指沾色粉去抹，这样来表现大块的概念化的色彩，或作色彩标识来用显得大快朵颐。由于不能厚积，所以不能抹得太多，也不宜反复涂抹，以免弄脏画面。如果粉粒过多还需喷定画液，喷时将喷头抬高远离画面，以免喷气将粉粒吹走。

2．与马克笔配合使用

在设计效果图的表现中，很多设计师都喜爱使用马克笔，马克笔又名记号笔。是一种书写或绘画专用的绘图彩色笔，本身含有墨水，且通常附有笔盖，一般拥有坚软笔头。马克笔的颜料具有易挥发性，用于一次性的快速绘图。常被应用于设计物品、广告标语、海报绘制或其它美术创作等场合。可画出变化不大的、较粗的线条。箱头笔为马克笔的一种。现在的马克笔还有分为水性和油性的墨水，水性的墨水就类似彩色笔，是不含油精成分的内容物，油性的墨水因为含有油精成分，故味道比较刺激，而且较容易挥发。如果玩具掉漆可以用马克笔补色。

马克笔使用简便、方便快捷、表现力丰富，具有色彩鲜艳透明等特点，这也因此成为设计草图表达时最常用的工具。但是马克笔在设计草图的表达中也有一定的不足。由于物体面的明暗变化是靠马克笔的笔触排列来完成的，因而当初学者在还未充分掌握马克笔的性能时，往往会造成笔触凌乱，画面缺乏整体的效果。色粉笔具有色彩细腻、丰富、表现力强、上色简便等特点，特别适用较大面积的平面和曲面的色彩表现。作画时，只需在画纸上轻轻抹上粉，辅以揉擦以使颜色更顺畅。用马克笔与色粉笔相配合使用能使画面表达的更充分，色彩更丰富，同时又弥补了两者的一些不足之处，往往能达到完美的效果。

不过，在擦粉时要注意均匀，方向要保持一至，顺着物体的结构和光线的变化方向来画。由于色粉的附着力较差，因此用橡皮可以很容易地修改。由于擦色粉时范围较大，容易擦到别的部位，在擦色粉时要将其它的地方用纸或其它工具遮挡，以免弄脏其它区域。接下来就是调整。这也是最后一步，这主要是要进一步刻画细节部分，调节画面效果。如用橡皮擦出高光，也可以用白色铅笔或修改液加上高光，用签字笔加线等。画面在擦上色粉后，有时候可能会把一部分可用的马克笔颜色覆盖了，尤其在是一些较深的区域撒上一些色粉后，颜色就变得浅了一些，色泽也变得灰淡许多了，这时可以在画面上喷上定画液，这样原来深的色就会在画面上显现出来，如果还不够，就再用马克笔增加一点。定画液的使用会影响效果和作画的速度，所以要谨慎使用，能不用就不用。

二、马克笔效果图表现技法

从 1959 年至今，马克笔已经发展成为一种大众化的表现工具，将用于各类纸张上可产生多种效果，而且可以和其它颜色混合使用，易于掌握，特别受广大设计师的欢迎，被人们戏称为“懒人的工具”，同时马克笔还能创造出异于钢笔或铅笔草图的独特表现力。马克笔一般分油性和水性两种。前者的颜料可用甲苯稀释，有较强的渗透力，尤其适合在描图纸（硫酸纸）上

作图；后者的颜料可溶于水，通常用于在较紧密的卡纸或铜版纸上作画。在透视图的绘制中，油性的马克笔使用得更为普遍。在这里也着重介绍油性马克笔的技法。

马克笔的色彩种类较多，通常多达上百种，且色彩的分布按照常用的频度，分成几个系列，其中有的是常用的不同色阶的灰色系列，使用非常方便。他的笔尖一般有粗细多种，根据笔尖粗细的不同角度，画出粗细不同效果的线条来。马克笔具有作画快捷、色彩丰富、表现力强等特点，尤其受到建筑师和工业设计师的青睐。利用马克笔的各种特点，可以创造出多种风格的表现图来。如用马克笔在硫酸纸上作图，可以利用颜色在干燥之前有调和的余地，产生出水彩画退晕的效果；还可以利用硫酸纸半透明的效果，在纸的背面用马克笔做渲染。通常马克笔绘制表现图，先用绘图笔（针管笔）勾勒好表现图的主要场景和配景物，然后用马克笔上色。油性的色层与墨线互相不遮掩，而且色块对比强烈，具有很强的形式感。

最好先用铅笔起稿，再用钢笔把骨线勾勒出来，勾骨线的时候要放得开，不要拘谨，允许出现错误，因为马克笔可以帮你覆盖一些出现的错误，然后再用马克笔，马克笔也是要放开，要敢画，要不然画出来很小气，没有张力。颜色，最好是临摹实际的颜色，有的可以夸张，突出主题，使画面有冲击力，吸引人。并且要注意颜色不要重叠太多，会使画面脏掉的。必要的时候可以少量重叠，以达到更丰富的色彩。太艳丽的颜色不要用太多，花，书本可以用点，不过如果要求画面的个性那就可以用了，但是要注意会收拾，把画面统一起来。马克笔没有的颜色可以用彩色铅笔补充，也可用彩铅来缓和笔触的跳跃，不过还是提倡强调笔触。

第八章　工业产品设计效果图

第一节　工业产品设计效果图的技法

效果图解是通过图片等传媒来表达作品所需要以及预期达到的效果。从现代来讲，是通过计算机三维仿真软件技术来模拟真实环境的高仿真虚拟图片。在建筑、工业等细分行业来看，效果图的主要功能是将平面的图纸三维化、仿真化，通过高仿真的制作，来检查设计方案的细微瑕疵或进行项目方案修改的推敲。

一、透视技法

透视学是研究透视现象的原理及其内在规律后加以分析研究应用学科。它对透视现象系统分析研究，从而形成了一门独立学科，在生活中用途非常广泛，只要眼睛与物体间发生关系就多多少少都会有透视学原理的用武之地。而其中使用最频繁的就是用二维平面表现或说明三维物象，将三维二维化最常见的例子便是绘画或写生。也正是掌握了这种规律，才使得西方的绘画具有极强的说服力，成为当今世界最有影响力的艺术表现形式。

设计构思要通过画面艺术形象来体现。而形象在画面上的位置、大小、比例、方向的表现是建立在科学的透视规律基础之上的。被透视规律的形体与人的视觉平衡格格不入，画面就会失真，就失去了美感的基础。因此，必须掌握透视规律，并应用其法则处理好各种形象，使画面的形体结构准确、真实、严谨、稳定。“透视”一词源于拉丁文“Perspicere”（看透），中文意思即“透而视之”。不难看出“透”与“视”被紧密地结合在一起，“透”为“视”的先决条件，“视”为“透”的实际目的。我们在生活中也常遇到这种情况，比如，坐在窗前看窗外的风景，就是透过平面窗去观察世界；再如，坐在火车中看车厢外的景色，也是如此。所以，“透而视之”实质就是通过更直观地记录而形成的观察方式，即透过透明平面使三维物体投影到这个二维平面上，即透视。透视是一种理性观察方法和研究视觉画面空间的专业术语。它把眼睛作为一个投射点，依靠眼与物体间光线的直线传递，在中间设立一个透明的平面，并在此平面上截留下三维立体效果的投影透视图像。这种投影是根据人的眼睛视点为中心投射的，故又称中心投影。

透视是将三维实体空间按照人的视觉感受，表现在二维平面上的一种绘画技法，举例来说，摄影照片就是空间实体通过照相机所形成的平面表述，即实景透视。但是作为设计者，常遇到的问题却是：如何将所构想的空间实体，以人对空间的直观感受方式，在二维平面上表现出来。要解决这一问题，就要运用画法几何所讲述的原理和方法。因为画法几何的科学性，能够帮助人们将所构想的空间实体，以科学而真实的视觉方式表现出来，即在二维平面上表达三维空间，这就是透视图，它成为沟通设计者与公众之间的桥梁。显然，掌握基本的透视制图方法，就成了建筑师表达自己设计意念的一种基本表现手段。

透视的发展就是人类处理视觉信息技巧和能力发展。人们追求世界实质的本能不断对人的实践提出更高要求，这就像是一台永不熄火的发动机，驱使着人类不断地认识和发现。随着对世界的认识和积累加深，人类也渐渐学会更理性地分析自己所处的世界，透视发展也正是基于这种理性思维之上。思维的进步带动科技发展，科技全面开启了人类面向真理世界的大门，很多长久以来的经验在科技影响下得到实现，迅速走向成熟。可以说，透视发展是人类认识世界的进步，也是人类理性思维能力发展和科技发展的果实。单纯以人的视觉清晰为依据，仅做到正确无误是不够的，还必须考虑到建筑物的特点，画面的艺术效果，合理选择透视的视角、视点和透视图的类型，只有这样才能完善地表达出设计师的设计意图。

二、素描技法

除了对透视法则的熟知与运用之外，还必须学会用结构分析的方法来对

待每个形体的内在构成关系和各个形体之间的空间联系，学习对形体结构分析的方法要依赖素描的训练。

美术是一种视觉的艺术，它必须以可视的现象反映生活。依靠形象的感染力打动观者的感情，去达到教育的作用。因此，素描基础训练必须首先培养和发展设计师视觉的观察能力。只有看的正确，才能达到画的正确，深入生动的表现，依赖于敏感的视觉感受和正确的观察方法，依赖于对被描绘对象的深入理解。素描作为一种美术技法，是相对于“彩描”而言的。它既是美术中的一个重要组成部分，又是一切造型艺术的基础。无论建筑绘画、构成设计、装饰设计、建筑设计、目标设计、工业设计，还是从事其它各种设计，都必须以素描为基础。素描是塑造形体最基本的手法，其中的造型因素有以下几个方面。

（一）构图

构图是一个造型艺术术语，即绘画时根据题材和主题思想的要求，把要表现的形象适当地组织起来，构成一个协调的、完整的画面。意指画面的布局和视点的选择，是建筑设计效果图的重要组成要素，它是造型艺术表达作品思想内容并获得艺术感染力的重要手段。构图需讲究艺术技巧和表现手段，在我国传统艺术里叫意匠。

意匠的精拙直接关系到一幅作品意境的高低。构图属于立形的重要一环，但必须建立在立意的基础上。一幅作品的构图，凝聚着作者的匠心与安排的技巧，体现着作者表现主题的意图与具体方法，因此它是作者艺术水平的具体反映。从实际上而言，一幅成功的摄影艺术作品，首先是构图的成功。成功的构图能使作品内容顺理成章，主次分明，主题突出，赏心悦目。反之，就会影响作品的效果没有章法，缺乏层次。

效果图的构图首先一定要表现出空间内的重点设计内容，并使其在画面中的位置恰到好处，所以在构图之前要对施工图纸进行完全的消化，选择好角度与视高，待考虑成熟之后可再做进一步的构图。构图的成功与否直接关系到一幅效果图的成败。不同的线条和形体在画面中产生不同的视觉和艺术效应，好的构图能体现效果图中表现内容的和谐统一。

（二）形体

一幅效果图是由各种不同的形体来构成的，而不同的形体则是由各种基本的结构组成的，不同的结构以不同的比例结合成不同的形体，这个世界才得以丰富多彩。所以说最本质的东西是结构，它不会受到光影和明暗的制约。人们之所以能够认识物体是首先从物体的形体入手的，之后才是色彩与明暗。形是平面，体是立体，两方面相互依存。在建筑设计效果图表现技法的素描基本训练中，可以先进行结构素描训练，从简单的几何形体到复杂的组合形体、有机形体。从外表入手，深入内部结构，准确地在二维空间中塑造三维的立体形态。

（三）光线

光线是一种几何的抽象，表示光的传播方向的直线，真实世界中不可能得到一条光线，口语中光线也可指光源所辐射的光。没有光就没有色彩，世界上的一切都将是漆黑的。对于人类来说，光和空气、水、食物一样，是不可缺少的。

在掌握形体的基础上，为进一步表现空间和立体感就要加入光线的因素。在视觉中，一切物体形状的存在是因为有了光线的照射，产生了明暗关系的变化才显现出来。因此，形和明暗关系则是所有表达要素中最基本的条件，然后依次是光线作用下的色彩、光感、图案、肌理、质感等感觉。

通常我们在做效果图的时候，常会利用灯光的强弱和反射方向来给人们带来各种视觉效果。

此外，空间的不同效果，可以通过光的作用充分地表现出来。实验证明，空间的开敞性与光的亮度成正比。亮的房间感觉要大一点，暗的房间感觉要小一点，充满房间的无形的侵射光，也使空间有无限的感觉，而直接光能加强物体的阴影。光影相对比，能加强空间的立体感。如以光源照亮粗糙墙面，使墙面质感更为加强。通过不同光的特性和亮度的不同分布，使空间显得比用单一性质的光更有生气。

（四）质感

在造型艺术中把对不同物象用不同技巧所表现把握的真实感称为质感。不同的物质其表面的自然特质称天然质感，如空气、水、岩石、竹木等；而经过人工处理的表现感觉则称人工质感，如砖、陶瓷、玻璃、布匹、塑胶等。不同的质感给人以软硬、虚实、滑涩、韧脆、透明与浑浊等多种感觉。中国画以笔墨技巧如人物画的十八描法、山水画的各种皴法为表现物象质感的非常有效的手段。而油画则因其画种的不同，表现质感的方法亦很相异，以或薄或厚的笔触，画刀刮磨等具体技巧表现光影、色泽、肌理、质地等质感因素，追求逼肖的效果。而雕塑则重视材料的自然特性如硬度、色泽、构造，并通过凿、刻、塑、磨等手段处理加工，从而在纯粹材料的自然质感的美感和人工质感的审美美感之间建立一个媒介。

除去色彩的影响，明暗也能表现出物体质感的不同，物体通过质与量来显现，各种物体都有各自特定的属性和特征。在效果图中由于物体质感的不同在表现上也应有不同的手法。如反光强的物体边缘形状清晰，对比强烈，对周围物体的倒影和反光很强；而反光弱或不反光的物体外观质感较柔和。因此，准确表现物体的质感对效果图来说很重要。相对效果图整体来说，个别物体的质感描绘应服从于整体的素描关系，也要分重点与非重点，从而达到艺术表现上的真实。

（五）空间

空间是与时间相对的一种物质客观存在形式，但两者密不可分，按照宇宙大爆炸理论，宇宙从奇点爆炸之后，宇宙的状态由初始的“一”分裂开来，从而有了不同的存在形式、运动状态等差异，物与物的位置差异度量称为“空间”，位置的变化则由“时间”度量。空间由长度、宽度、高度、大小表现出来，通常指四方（方向）上下。

由于空气并不是完全透明的，所以处于空间中的物体就产生了近处的清晰，远处的模糊；近处的明亮，远处的灰暗；离光线近的物体清晰，离光线远的物体模糊的现象，利用上述视觉特征，结合画面的素描关系表达的远近关系即所谓空间感。在效果图中物体与物体，物体与背景之间的关系不仅要利用透视和明暗关系，还要利用人为的表现手法，如哪些物体需要深入刻化以及强烈明显等。

三、色彩技法

素描是造型艺术的基础，而色彩也是造型艺术中不可缺少的一部分。与素描相比，色彩更具有独特的艺术感染力和表现力。在平面设计作品中，色彩是一个非常重要的元素，它能够起到先声夺人的作用，不仅可以在画面上实现均衡构图，还可以传达着不同的色彩语言。色彩对人们的心理活动有着重要的影响，这是大多数人日常生活的切身体会。色彩主要通过它对我们情绪的影响，进而对我们的心理活动产生作用。从视觉传达的角度来讲，作为平面设计的重要组成内容，色彩是至关重要的一种表现形式。

不论是生活用品、工业产品，还是建筑环境，无不存在于千变万化而又和谐统一的色彩世界里。作为造型艺术的建筑设计效果图表现技法，更离不开色彩。色彩是由色相、明度、纯度三个元素组成的。在平面设计中，可以利用色彩吸引人的注意，真实反映商品、人物，造成悦目的视觉效果，增加记忆等。如何在平面设计中利用色彩的不同特性，实现上述效果是一件十分复杂的工作。良好的色彩感觉与技巧并不是单纯从理论上就可以学到的，更重要的是通过自身不断的实践去掌握和总结。

平面设计虽然有基本的准则和规律，但是也需要时刻关注流行色。流行色彩反映了人们对于色彩的感情，经常被赋予某种特殊的情感，影响着人们的理性思维及现实活动。流行色彩在人们的日常生活中，如服饰、公共设施、包装、广告等中最为明显。作为设计师，应该学会利用社会流行心理，主动地利用色彩。

四、多媒体时代手绘表现效果图的手法和风格

一方面多媒体技术自身在不断更新技术，多媒体的发展也给手绘动画带

来使用媒介上的拓展，目前有专门的软件如AdoboPhotoshop、Painter模拟油画、水彩等绘画效果，而电子笔也可以对屏幕进行手写式的输入，这些硬件设施的开发趋势实际上是为手绘动画实现无纸化奠定条件，在多媒体技术与手绘动画结合后，手绘动画有了更多的选择。

手绘动画也称二维手绘动画，是由动画师用笔在专业的透明度高的纸上绘制，多张图纸拍成胶片放入电影机制作出动画。现代手绘动画需扫描进计算机上色合成。三维动画技术模拟真实物体的方式使其成为一个有用的工具。由于其精确性、真实性和无限的可操作性，被广泛应用于医学、教育、军事、娱乐等诸多领域。在影视广告制作方面，这项新技术能够给人耳目一新的感觉，因此受到了众多客户的欢迎。三维动画可以用于广告和电影电视剧的特效制作（如爆炸、烟雾、下雨、光效等）、特技（撞车、变形、虚幻场景或角色等）、广告产品展示、片头飞字等。

手绘动画与三维动画在呈现介质上是一致的，DVD、VCD等流媒体设备都可以作为其传播介质，与此同时在这种技术背景下，手绘动画与三维动画的呈现设备也将日趋一致。我们可以预见到：手绘动画的应用范围也会扩大，将与三维动画的应用领域越来越趋同，MV、网络视频、广告等。目前，手绘动画独特的艺术形式正逐渐在商业娱乐领域受到青睐。另外，在人才配置方面，后期制作与原画之间进行优势互补，不同形式为不同的播放媒体制作的手绘动画才能更好地得到应用。

三维动画技术虽然入门门槛较低，但要精通并熟练运用却需多年不懈的努力，同时还要随着软件的发展不断学习新的技术。它在所有影视广告制作形式中技术含量是最高的。由于三维动画技术的复杂性，最优秀的3D设计师也不大可能精通三维动画的所有方面。三维动画制作是一件艺术和技术紧密结合的工作。在制作过程中，一方面要在技术上充分实现广告创意的要求；另一方面，还要在画面色调、构图、明暗、镜头设计组接、节奏把握等方面进行艺术的再创造。与平面设计相比，三维动画多了时间和空间的概念，它需要借鉴平面设计的一些法则，但更多是要按影视艺术的规律来进行创作。

三维动画师需要具备物体三维形状的能力，会先“画”出真正存在的东西，理解所画出东西的立体构象并且要灌注设计的理念，视作品为产品。而手绘动画师是以平面二维空间的概念进行构思，一方面有万千种材料、表现手段、风格进行选择作为媒介，倾向于反理性和反智性的思维。另一方面，这些媒介的选择最终是以体现动画师的个性与世界观为原则的。手绘动画的艺术语言探索还远没有到尽头，关于手绘动画与多媒体技术的互动性开发还有待开发，也许有一天，我们打开多媒体就会有一幅水墨画打开，触碰画轴就会有朵朵的墨花绽放。

第二节　工业产品设计效果图的应用

在实际的工程项目中，设计图纸能起到很大的解说作用，便于设计师与业主更好地交流。对于不具备专业视图能力和良好的空间想象力的客户来说，效果图更能让它们易懂、接受。现在大部分工业产品设计是以计算机效果图为主的，因为计算机效果图更加符合工程完工后的真实效果，但很多项目并不能一次性顺利地与企业签单，并且在接洽过程中效果图会有很多改动，尤其是在进行现场沟通时，手绘效果图就能起到很重要的说明作用。因此，手绘效果图和计算机效果图在工业产品设计行业中演绎着不同的精彩角色。

一、设计效果图的意义和原则

设计效果图是在设计过程中，工程设计和生产工作经常要使用的图形，它是对设计师设计思路及理念的具体表达，对方案设计起到辅助、说明、补充和深化作用，它在装饰实践中有着非常重要的现实意义。效果图是设计师艺术素养与表现能力的综合表现，它以其自身的艺术魅力与强烈的感染力向人们传达着设计理念、创作思想与审美情感。手绘效果图的艺术化处理，在客观上对设计是一个强有力的补充。设计是理性的，设计表达则常常是感性的，而且最终一定要通过有表现力的形式来实现，这些形式包含形状、线条

与色彩等。手绘效果图的艺术性决定了设计师一定要追求形式美感的表现技巧，将自己的设计作品艺术地包装起来，更好地展现给公众。

首先，设计效果图是要将设计师的方案设计内容通过鲜活的图像表现出来，在图像中直观地显现出设计师最想表达的设计思路及设计理念，从而说服并打动客户。其次，设计效果图也是对方案设计的完善和补充，它需要丰富的想象力和创造性的构思，把方案设计前期考虑不成熟的地方加以完善，对设计师最想表达的理念及设计中的亮点加以深化和突出。

效果图的主要价值在于把大脑中的设计构思表达出来，手绘表达的过程是设计思维由大脑向手延伸，并最终艺术化地表现出来的过程。在设计的初始阶段，这种“延伸”是最直接和最富有成效的，一些好的设计想法往往通过这种方式被展现和记录下来，成为完整设计方案的原始素材。设计性是手绘效果图最重要的特点，现在有许多设计师在努力提高手绘的艺术表现技巧，让画面看上去更加美观，这其实偏离了手绘效果图的本质。片面追求表面修饰，无异于舍本逐末，对设计水平的提高没有太大的帮助。手绘效果图是与设计挂钩的，通过手绘的方式将各种构思的造型绘制出来，并进行分解和重组，创造出新的造型样式，这种设计的推敲过程才是设计创作的本源，也是手绘效果图应该表达的核心内容。

一个优秀的设计方案，是在多种构思设计的过程中，进行多方位的比较，考虑种种不同环境的因素，汇聚融合相关的多种知识，不断开发创新才形成的。如何将设计方案准确地表现出来，设计效果图就起到了其不可替代的作用，它是设计师用来表达设计理念、展示设计品质、争取设计项目和客户的最基本的手段之一，设计效果图作为设计构思的形象显示，有着不容置疑的重要意义。

设计效果图从构思发展到完成设计的整个过程要经过几个设计阶段：一是概念阶段，在得到设计项目后，要和客户交流，构思粗略的表现轮廓；二是方案阶段，从艺术性和功能性上充实构思具体的效果形象，设计出若干个设计草案；三是具体设计阶段，这也是绘制设计效果图的主要阶段，根据前两个阶段的准备工作，对设计草案进行筛选，绘制出效果图，不仅要在功能性上，而且要在艺术性和美观性上达到客户理想目标的要求。

效果图是工程图和艺术表现图的结合体，它要求表达出工程图的严谨性和艺术表现图的美感。其中，前者是基础内容，后者是形式手段，两者相辅相成，互为补充。作为工程图的前身，手绘效果图具有严谨的科学性和一定的图解功能。如空间结构的合理表达、透视比例的准确把握、材料质感的真实表现等。只有重视手绘效果图的科学性，才能为下一步的深化设计和施工图绘制打下坚实的基础。

二、手绘效果图的应用

（一）记录设计构想

手绘效果图是从事各种设计专业，如建筑设计、园林设计、工业产品设计、景观设计、服装设计、工业设计等专业学习的一门重要的专业必修课程。前期必须有素描、色彩、钢笔画、透视这些基础课程。

一项工程项目的设计需要的是缜密的思考过程。设计师在设计的过程中，需要汇总和考虑很多的因素，如空间的特点、功能的要求、材料的选取、经济制约及业主的喜好等。初期这些东西杂乱无序地聚集在设计师的头脑中，需要设计师通过设计元素将它们科学合理地安排到一起，这样就会出现很多的设计元素和设计草案。

（二）方便随时交流

在今天日益发达的计算机效果图面前，手绘能够更直接的同设计师沟通。它是衡量设计师综合素质的重要指标。同时对于大设计师毕业、就业都具有很大的影响。

一套方案在确定之前需要无数次的修改和完善，需要与业主或是招标单位的交流与沟通，当面对非专业人员、设计师的语言显得苍白的时候，就需要非语言范畴的效果图来进行形象、直观地补充说明，以便双方就设计草案尽快达成共识。而双方的交流是随时随地都会发生的，手绘效果图又因其灵

活的表现手法和便利性，成为设计师和业主随时交流的“便利包”。

三、计算机效果图的应用

计算机（computer）俗称计算机，是现代一种用于高速计算的电子计算机器，可以进行数值计算，又可以进行逻辑计算，还具有存储记忆功能。计算机能够按照程序运行，自动、高速处理海量数据的现代化智能电子设备。计算机的应用在中国越来越普遍，改革开放以后，中国计算机用户的数量不断攀升，应用水平不断提高，特别是在互联网、通信、多媒体等领域的应用取得了不错的成绩。1996 年至 2009 年，计算机用户数量从原来的 630 万台增长至 6710 万台，联网计算机台数由原来的 2.9 万台上升至 5940 万台。互联网用户已经达到 3.16 亿户，无线互联网有 6.7 亿移动用户，其中手机上网用户达 1.17 亿户，为全球第一位。

计算机效果图如果不从其它绘画艺术中获取营养与启示，也将会变得枯涩苍白。但是，换一个角度来讲，假如我们把计算机效果图放在计算机辅助设计范畴里来考虑，它的前景则会远远超过我们的想象。无论是效果图、动画还是将来的虚拟现实，都将以设计交流的基本规则：空间、体量、光影、色彩、氛围等唤起建筑师和高层次业主富有想象力的激情。与此同时，在艺术成为一种经济上和文化上的资源的今天，建筑设计成为产品也日益成为不争的事实。计算机效果图从时间上和完成水平上将会承担更大的压力。

随着科学技术的高速发展，特别是计算机技术的日新月异，计算机设计效果图在工业产品设计中占据了越来越重要及不可替代的位置，也正是由于计算机效果图质量的越来越高，在目前大型工业产品设计招投标的过程中，计算机效果图也被装订成册甚至还要做成动画效果来进行投标，成了招标过程中必不可少的文件。从专业角度来说，计算机效果图虽不是工业产品设计中必不可少的项目，但在市场实际操作过程中，它已经成为装饰公司投标和签单时的重要文件，也成为设计公司和装饰公司竞争工程项目必不可少的文件。效果图设计的好坏也变成了业主与客户评定工业产品设计公司实力的一项指标。

第三节　工业产品设计效果图的重要性

手绘效果图技法是工业设计专业一门必修的专业基础课。这门基础课对设计师掌握基本的设计表现技法、理解设计、深化设计、提高设计能力有重要作用。效果图是设计师与非专业人员沟通最好的媒介，对决策起到一定的作用。

因此，长期以来受到这些专业设计与教育界的重视，它是设计师艺术的完整的表达设计思想的最直接有效的方法，也是判断设计师水准最直接的依据。近些年来，表现效果图随着现代科技的发展，运用计算机制作手段较多一些，但从艺术效果上看，远远不如手绘效果图生动。

我们要注意手绘效果图的学习，在理论方面要使设计师明确手绘效果图技法课程的相关知识；在实际上，要施以切合实际的设计方法，不仅对于设计师掌握手绘效果图技法具有促进作用。而且对于设计师在今后设计创作的实践中，对不断增强完善设计方案的能力具有十分重要的意义。

一、手绘效果图在工业产品设计中的重要性

手绘效果图从某个方面来说是设计师对设计灵感和想法等抽象物质的具体表达，也正是通过表达施工者才能够更加详细地了解设计师的想法和意见，也可以说，手绘效果图就是连接设计师和工业产品设计甲方的一座桥梁。尽管手绘效果图并不能全面地展现实际的设计效果，但是也可以从侧面反映一些对工业产品设计项目的理解，详细的施工步骤还需要设计部门的斟酌。在科学技术飞速发展的今天，效果图、装修设计图、装饰设计效果图和工业产品设计图传送的效果越来越重要，这种非言语传送的发展具有了和言语传送相抗衡的竞争力量。

（一）方便客户前来洽谈

在以往的设计中，必须要实践和工程技术人员进行沟通和交流的概念。

无论是独立的设计，或出售它们的设计，以客户为导向的营销自己的设计思想，我们已经提交了一份提案，记录每个客户的要求，和图形表示。在这一点上，设计师需要在很短的时间内获得了客户的信任，手绘效果图的上诉是非常重要的。你的手绘制效果图，它是能够以清楚地表明了客户的想法和它们的建议和解决方案，当客户觉得，自己的未来愿景即将学习信任，爱和希望来采取的尽快为可能一个使我们的客户欲望会认为你是非常专业的设计师，所以很容易让您的设计任务。

（二）满足工业产品设计的实际需求

手绘效果图是设计者对于工业产品设计的看法和观点的具体表达，也是设计师对客户需求的最真实展现，即手绘效果图能够满足工业产品设计的实际需求，这不仅仅是工业产品设计甲方的需求，同时也是设计师的需求，通过手绘效果图的展现，设计师之间的竞争才能凸显出来，甲方也可以根据自己的要求和设计标准选择使用某一个设计师的作品，淘汰其它设计师的作品，否则设计师只能够根据自己的言语来描述自己对工业产品设计的想法，这样的抽象表达并不能满足工业产品设计甲方的实际要求。并且，手绘效果图具有实践性的特点，符合人性化理念。设计师可以根据客户的基本需求，提供多样化的制图，无论是在形式角度还是在效果方面，都可符合客户的心理需求，不会造成设计负担，展示设计师手绘制图的灵活性。随着设计行业的发展，客户在工业产品设计方面提出更新的要求，设计师利用手绘效果图，完善设计构思，达到客户的需求标准，体现规范性的手绘设计。

此外，设计者必须有一个良好的设计基础是整个设计过程中得心应手手绘，都离不开，手绘效果图。毕竟设计师是一个特殊的行业，理解这个行业需要专业的知识储备，但是，客户和甲方对这些并不了解，所谓的术业有专攻就是这个道理，客户的目标是选择最佳的设计方案。设计师看起来和它们每个人之间都有联系。

手绘效果图，可分为随机草图和性能测试结果图表。性能是随机的素描，速写。当录制快速随机抽取时，手工绘制的草图会帮助我们自由思考，创造，分析问题，积极的态度，并在大脑发育，可以很快地跃然纸上的文件，最初的设计概念，是形成草图准备的关键，但计算机在这方面确实有其不便之处。良好的设计，很好的启发闪光灯，在草案的过程中最清晰，草图不能低估。形成最终的解决方案，从最初的草图酿造，酿造性能，是分不开的，性能的渲染更加正规和严格的，独立和创意设计清楚地表达了预期的效果、视觉思维、创造性的想象力，三个绘画技法相结合，可以充分体现设计理念和审美情趣。

（三）收集的手绘效果图帮助材料

手绘效果图可以为设计师和客户之间构建一个良好的沟通和了解的平台，设计师将自己的设计理念和设计思想通过手绘效果图表达出来，尽管客户对设计或者绘画没有深入了解，但是通过手绘效果图加上设计师的讲解和表达，也能够对设计图纸进行深入的了解，对参加竞赛的各种设计作品进行筛选，从而为工程选择最好的设计方案，为后续的施工质量提供最好的保障。这样的沟通对于工业产品设计的整体施工都有很大的帮助，因为客户和甲方之间必须要有配合，客户和设计师之间也要有配合，让客户明确整个设计过程和设计理念是保证施工质量和施工效率的关键，也是我们国家工业产品设计未来发展的关键。

此外，直观地了解设计师的设计理念和设计方式，无论是手绘效果图或是赏心悦目的外观效果手绘地图的副本，可以收集大量的设计元素。

二、手绘效果图对设计师从业的重要性

（一）便于沟通与交流

我们知道在设计师接单过程中，首次接待客户时，设计师往往需要在很短的时间内取得客户的信任。因此，设计师能否快速地表现出客户的想法和自己的方案设计意图，以及是否表现得有感染力就显得非常重要。

手绘是一种技能，在每天的锻炼中会得到突飞猛进的提高。对于设计师来说，有一手好的手绘功底，会增添很多的自信和魅力。在日常的生活中，

设计师所到之处，有了好的灵感，都可以通过手绘进行记录，积累更多的设计素材。比如，整体布局、空间的基本形态、里面的造型元素、大致的明暗对比、色彩关系等。积累的素材多了，在设计中才可以拓展思路，创造很多杰出作品。手绘效果图可将设计师的想法清晰地呈现在纸上，与客户进行无语言障碍的交流能很好地跟客户沟通，充分地了解客户的真实需求，认真研究客户新居的空间格局和空间尺度，发现并找出客户存在的问题，迅速提出画出草图展示初步建议和解决方法，并归纳整理出具有一定建设性和艺术风格特点的设计构想和设计意图，再用手绘的艺术形式表现出来。

这样就能增加客户对设计的原创构思和材料运用构想的理解。使客户对你的设计能力给予肯定，觉得你是个很专业的设计师，也就放心地把设计任务交给你。

（二）设计行业的重要手段

设计师在设计作品中会迸发出许多的灵感、创意，而这些都是零碎的，稍纵即逝。这时候，就需要设计师利用手绘表现技法勾勒设计草图，这是表达创意的最快而且最直接的手段，是设计师阐述设计方案的最佳方法。设计师的想象不是纯粹艺术的幻想，而是通过设计师的专业语言表现出来，这就是设计图纸，设计师必须要有良好的手绘能力，才能在设计时得心应手，当有了好的设计构想时，需要立刻捕捉，并用草图记录下来，在整个设计过程中都离不开手绘这一重要手段。反之就如同画家有创作想法却没有造型能力，作品无法表现出来。

设计师手绘图可分“随意草图”和“表现效果图”两大类。“随意草图”是为表现效果图而画草图，就像是绘画创作，更注重的是创作意念而不是画面效果，这是设计师做草图的表现阶段。手绘图进入另一阶段是“表现效果图”阶段。到这一阶段，我们已可以把与设计创意无关的内容从草图上抛弃，真正还手绘草图一个本真的价值。这当中，颇有笔随意发的中国草书书法的意味，以设计意念驾驭笔端，表现效果图完完全全真真正正成为设计创意落实的一项工作。手绘不仅培养设计师的表现能力，也使其内涵修养、审美品位得到提高、设计理念不断加强。

在设计的过程中，设计师将主要精力用在设计创意上，手绘草图是为设计创意的全面表达服务的，它有助于提高设计师的空间想象能力和透视感觉，以及整体的协调感，其手法的随意灵活性确定了其在快速表达设计方案上，记录创意灵感的优势地位。随着当前行业竞争越来越激烈，对设计师的素质要求也越来越高。手绘能力的培养是每个资深设计师都应该具备的。

手绘除了要表达好设计意图，设计师还要注意处理好手绘在艺术性方面与科学性、真实性的关系。快速手绘不是普通的绘画作品，它是设计师表达设计构思和设计意图的工具，因此，设计师在作画时不必像普通绘画作品那样追求形式的完整，只要能达到设计师的表达目的就可以了。在表达的内容上，该突出的突出，该概括的概括，在表达的形式上也可以不拘一格，平面图、立面图、透视图，都是可以采用的形式。现在计算机已经很普及，但如同一切新技术一样，计算机参与设计也带来了负面效应。具体表现为重“表现”轻“设计”很多设计者在制作计算机效果图表现上花的时间过长，大大超过设计构想的时间，由于计算机技术及其软件本身的局限和设计者的水平影响，束缚设计者思考过程“幻想”的翅膀，扼杀了构思过程中转瞬即逝的设计灵感，变成了计算机的奴隶。

手绘效果图以设计工程为依据，通过图形的形式，直观而形象地表达构思意图和设计方案的最终效果，具有专业性、真实性、说明性、艺术性等特点。正因为这些特点决定了手绘效果图对工业产品设计的意义是深远的，享有独特的地位和价值，它的重要性和独特性是计算机设计无法取代的。它使设计师的艺术修养、绘画功底以及独特的思维展现在外人面前。只有通过手绘方式的设计训练，才能提高设计师的独特创造力，才能设计出优秀的作品。

手绘草图帮助我们通过图示进行思维、创造，在发展、分析问题的同时，头脑里的思维通过手绘使图形跃然纸上，最初的设计构想也随之完善。徒手设计草图这种形象化的思考方式，强调了脑、跟、手的互动，是对视觉思维能力、想象创造能力、绘画表达能力三者的综合。

（三）手绘有利于资料的收集

相机是现代设计师收集素料的辅助工具，但拍摄的图形只是刻板的纪录，而手绘效果图反映出你对设计之美的理解，对生活敏锐的观察力，不仅能加深实地现场的感性认识，还能对材料、尺寸做有效记录，作为备用资料收集起来。

有些人在进行设计创作时，挖空心思，苦思冥想仍然没有进展，不知如何下手，这主要是素材积累得太少。有经验的设计师必须具备丰富的设计元素，才能应付各种设计方案的需要。这些设计元素就如同“词汇”的收集，“词汇”量越多，对语言的修饰就越丰富，你就能有很多的选择，快速表达想要的设计效果。长期进行手绘练习能锻炼自己的造型能力和审美能力，这种综合能力的培养对设计师的成长是必不可少的。

总之，手绘效果图是工业产品设计方案构思、数据收集、资料整合、表达设计意图的最有效、便捷并且高速的方法。手绘效果图能够及时地捕捉设计的灵感。由于手绘效果的自身的艺术独特性，它能够更好地展示出工业产品设计的理念。手绘效果图在工业设计的学习和工作中有着不可取代的地位，它将我们抽象的设计思维明确地展现出来。因此，一个成功的设计师，首先需要做的都是利用手绘来展现出自己的设计理念。手绘效果图是知识和思想的结合，是设计思维的体现，它已经不再是传统的绘画，而是一种拥有专业性、科学性、艺术性的专业技能。

手绘效果图在另外一种层面上讲，它是设计者设计思维的一个形成与展示的过程。设计师通过手绘草图来记录自己转瞬即逝的灵感，在将自己抽象的设计理念通过手绘效果图表现出来。手绘效果图是工业产品设计中重要的步骤，它承载了产品审美、形态创造、工程分析及市场前景分析的重要责任。因此，对于一名工业设计师，手绘效果图是跟我们吃饭喝水一样有重要的能力。

第九章　现代工业产品质感的表现

第一节　木材质感的表现

材料的设计表现力是材料自身属性特点在设计中的凸显和流露，由于其特定的色彩、质感肌理、造型和装饰方法的特点，所形成的这种材料特有的表现效果。木材作为一种应用广泛的材料，纹理丰富，触感柔和，给人以贴近自然的亲切感，具有丰富的设计表现力。木材裂纹是木材中广泛存在的一种现象，一直被认为是一种缺陷。然而国内外却有一些应用木材裂纹的设计艺术作品，充分地展现了木材裂纹非凡而特殊的设计表现力。

一、概述

（一）材质质感的基本含义

工业设计是随着不同建筑材质的质感表达而产生不同的变化，就目前设计发展趋势来说，新型材质运用已经成为创新造型中较为重要的设计元素之一，尤其是新型木材的运用，使得建筑显示出多元化的风格。材质质感是指对物体表面经纬纹理与构成层次的描述，如光泽明亮程度、肌理精细程度、纹样稠密程度等，即人们对材质外表面结构与特征的视觉感知或触摸体验。

任何材质都具备自己的个性特色，而材质质感则是其最重要的艺术表现之一，正如空间设计材料运用大师F·L·赖特所说，新老材料是世界上最丰富的物质，每个工业产品设计师必须展开想象力，充分依托于每种材料的本质特征来寻求其在空间中的材质美感表达。

（二）木材质感的体现

1．木材的视觉

视觉是一个生理学词汇。光作用于视觉器官，使其感受细胞兴奋，其信息经视觉神经系统加工后便产生视觉（vision）。通过视觉，人和动物感知外界物体的大小、明暗、颜色、动静，获得对机体生存具有重要意义的各种信息，至少有80%以上的外界信息经视觉获得，视觉是人和动物最重要的感觉。

木材给人视觉上的和谐感，是因为木材可以吸收阳光中的紫外线（380nm以下），减轻紫外线对人体的危害；同时木材又能反射红外线（780nm以上），这一点也是木材使人产生温馨感的直接原因之一。

2．木材的触觉

触觉是接触、滑动、压觉等机械刺激的总称。多数动物的触觉器官是遍布全身的，像人的皮肤位于人的体表，依靠表皮的游离神经末梢能感受温度、痛觉、触觉等多种感觉。人对材料表面的冷暖感觉主要由材料的导热系数的大小决定。导热系数大的材料，如混凝土构件等呈现凉的触觉，导热系数小的聚苯乙烯泡沫呈温热感。而木材导热系数适中，给人的感觉最温暖，这是木材给人触觉上的和谐。

3．木材的听觉

声波作用于听觉器官，使其感受细胞兴奋并引起听神经的冲动发放传入信息，经各级听觉中枢分析后引起的感觉。16至20000赫兹的空气振动是听觉的适宜刺激，这个范围的空气振动叫声波。比16赫兹低的次声，以及比20000赫兹高的超声人们都听不到。由于声波作用在木材表面时，一部分被反射，一部分被木材本身的振动吸收，还有一部分被透过。被反射的占90%，主要是柔和的中低频声波，而被吸收的则是刺耳的高频率声波。因此在我们的生活空间中，适当应用木材，可令我们感受到听觉上的和谐。木材是要求声学质量的大厅、音乐厅和录音室用以调节最佳听觉效果的首选材料。

4．木材的调湿特性

木材调湿功能是其独具的特性之一，是其作为装饰材料、家具材料的优点所在。当其周围湿度发生变化时，木材自身为获得平衡含水率，能够吸收或放出水分，直接缓和空间湿度的变化，起到调节湿度的作用。研究结果显示，人类居住的相对湿度保持45%～60%为适宜。适宜的湿度既可令人体

有舒适感，也可令空气中浮游细菌的生存时间缩至最短。一间木屋等同于一个杀菌箱的说法，并非言之无理。

二、木质材料质感美在产品中的体现

（一）视觉方面的体现

在视觉方面，木质材料的质感美主要体现在色彩方面。木质材料的色彩可以分为人工色彩和天然色彩两类。人工色彩是指通过加工木材，使木材呈现出不同的色彩，并以此适应工业产品设计中对多色彩木材的需求。天然色彩是木材自身所呈现的色彩，体现了木材的自然性能与特征。在此类木质材料的使用过程中，应当努力保持其自身色彩特征和表层肌理效果。

1．木材色彩的冷暖对比

木材色彩是现代工业产品设计中较为多用的重要元素。在产品使用中，色彩能在第一瞬间触动人的视觉神经，给视觉造成第一印象，可以说产品设计中千变万化的色彩搭配，能够创造出与众不同的产品魅力。木材的冷色和暖色的分布比例决定了整个产品的整体色调风格，就是通常所说的暖色调和冷色调，可以表达出不同的空间意境。

2．木材色彩的纯度对比

当木材之间色彩纯度不同时，色彩纯度较低的木材显得灰浊并有视觉退后的效果，而色彩纯度较高的木材看起来更加明亮夺目。在产品设计中，我们往往可以利用材料色彩纯度对比突出色彩纯度较高的材质。木材色彩的明度对比，指木材色彩明暗的对比，木材色彩明度高会使人感到轻松、愉快，而木材色彩明度低会使人感到沉重、压抑。

木材材质色彩表达是在与空间形态设计相结合的基础上而表现出的整体颜色，即能达到在空间设计形态造型与木材材质基本颜色的高度统一，可以充分反映出空间的最佳色彩视觉效果。

通常新型木材的色彩可分为自然色彩和合成色彩两种形式，其中自然色彩是木材的原有颜色，具有自然和谐、稳定恒久的特性，给人以亲切、柔和、淡雅、温馨的情感享受；而新型木材的合成色彩，则在空间运用上同样具有更为突出的色彩情感表达，显示出或细腻柔美、或高贵淡雅、或深沉粗犷的视觉表现效果。

（二）触觉方面的体现

在触觉方面，木材质感美主要呈现在以下几个方面。

（1）粗滑感。影响木质材料粗滑度的主要因素有木材的组织构造、树的品种等。

（2），冷暖感。由木材接触皮肤时，皮肤所感受的冷暖感觉决定，通常情况下木材及木质人造板都会给人以暖和感。

（3）干湿感。通常而言，木材、纤维等材料能给人干燥感；而玻璃、金属等给人以湿冷的感觉。

（4）软硬感。与木质材料自身的组织结构所产生的抗压弹性有关，木材属于中等或略硬的材料。

新型木材肌理是通过视觉或者触觉而表现出来的情感领悟，从材质肌理的本质看，肌理是由材质自身结构排列或组织构造而形成的丰富多样的特征，不同的材质肌理会给予人不同的视觉感知效果，具有可视性和可触摸性，因而人们对材质肌理特征的感知可分为触觉肌理感知与视觉肌理感知两种方式，其中视觉肌理感知是通过视觉的感知而获得的效果，一般视觉肌理感知多用于空间二维设计平面，如天然木材的纹理层次、凹凸平滑的辨识程度；而触觉肌理却是通过对空间木材实物的挤压、模切或雕刻等外加工方式而表现出的材质质感表达效果。

新型木材作为现代空间造型设计的主要材料之一，材质肌理质感表达的形态特征更是多种多样，不同的木质纹理视觉效果更是大相径庭，或粗犷坚实、或细腻轻盈。

第二节　玻璃质感的表现

自玻璃工作室运动后，玻璃材料逐渐摆脱了过去纯粹的装饰性和功能性。

玻璃材料神秘、诗意、充满了梦幻色彩和隐喻的特性逐渐被发掘并运用到艺术创作中。玻璃艺术的迅速发展顺应了时代的进程和科技的进步，玻璃通透无瑕的质感给人视觉上的美感和心理上的享受，奇幻的光学效应引起人们无限的遐想，十分迎合现代人的审美情趣。现代玻璃艺术因为凝聚了永恒的精神力量和人文思想而逐渐繁荣。

一、玻璃概述

（一）定义

玻璃是一种古老的建筑材料，随着现代科技水平的迅速提高和应用技术的日新月异，各种功能独特的玻璃纷纷问世，兴旺了玻璃家族。玻璃可以被理解为一种刚硬的液体，它是除了气体、液态和固态的第四种状态。硅石是玻璃的主要成分，最常用来制造玻璃的硅石是以沙子形式存在的石英，同时还包括氧化钠、氧化硼、氧化钡、氧化锌等氧化物来控制玻璃的化学稳定性、膨胀系数、热稳定性或者熔制温度。另外，一些有色的玻璃还包括着色剂，常因同一原料或不同原料的比例和配比方法不同而呈现不同的颜色。

玻璃生产的主要原料有玻璃形成体、玻璃调整物和玻璃中间体，其余为辅助原料。主要原料指引入玻璃形成网络的氧化物、中间体氧化物和网络外氧化物；辅助原料包括澄清剂、助熔剂、乳浊剂、着色剂、脱色剂、氧化剂和还原剂等。

玻璃的特性具有良好的透视、透光性能（3mm、5mm 厚的镜片玻璃的可见光透射比分别为 87% 和 84%）。对太阳光中近红外热射线的透过率较高，但对可见光折射至墙顶地面和家具、织物而反射产生的远红外长波热射线却有效阻挡，故可产生明显的“暖房效应”。净片玻璃对太阳光中紫外线的透过率较低；隔声、有一定的保温性能；有较高的化学稳定性，通常情况下，对酸碱盐及化学试剂盒气体都有较强的抵抗能力，但长期遭受侵蚀性介质的作用也能导致变质和破坏，如玻璃的风化和发霉都会导致外观破坏和透光性能降低。

（二）玻璃材料的多样性表现

1．光滑如冰

玻璃表面光滑的质感是其它材料难以比拟的触觉感受，当光线照射在玻璃表面，五彩斑斓的光如流水般倾泻下来，形成柔美梦幻的视觉效果。玻璃通常按主要成分分为氧化物玻璃和非氧化物玻璃。非氧化物玻璃品种和数量很少，主要有硫系玻璃和卤化物玻璃。硫系玻璃的阴离子多为硫、硒、碲等，可截止短波长光线而通过黄、红光，以及近、远红外光，其电阻低，具有开关与记忆特性。卤化物玻璃的折射率低，色散低，多用作光学玻璃。

玻璃材料的精致感赋予了人的主观感受，创作者根据对材料的了解，通过光影和塑性赋予这种质感多种诠释的手法，丰富了玻璃的艺术语言。它是创作者通过材料加工、工艺技术和设计手法共同诠释的结果，而这个结果却是基于玻璃材料固有的透光性所给予的直观感受。

2．晶透如钻

玻璃既不是晶态，也不是非晶态，也不是多晶态，也不是混合态。理论名称叫玻璃态。玻璃态在常温下的特点是：短程有序，即在数个或数十个原子范围内，原子有序排列，呈现晶体特征；长程无序，即再增加原子数量后，便成为一种无序的排列状态，其混乱程度类似于液体。在宏观上，玻璃又是一种固态的物质。创作者也常通过雕塑语言的刻画，使玻璃如同钻石般放射耀眼的光芒。17 世纪，英国人研制了铅硅酸盐水晶玻璃，即晶质玻璃，其成分为硅 51%~60%、氧化铅 28%~38%、钾 9%~14%、这种玻璃因均匀的白度、透明度和光泽度与威尼斯玻璃抗衡，这种玻璃结实、稳重，外观光彩夺目，适合在轮机上切割、抛光或雕刻花纹，常给人以钻石般的感受。加之晶质玻璃高于普通器皿玻璃的折射比和折射率，光的反射率也随之增加，因此，玻璃如同钻石般光芒四射。

3．轻柔如纱

轻盈是因为玻璃材料透明性所带来的视觉感受，尤其是当玻璃用作建筑中的幕墙或艺术雕塑时，感受最为明显。玻璃的出现代替了石材或者砖等传

统建筑材料，在1851年，用于工业博览会的水晶宫可谓是建筑史上的奇观，这一举世瞩目的建筑，标志了玻璃在建筑设计中的重要地位。自此之后，玻璃从传统的窗面蔓延到整个墙体，以玻璃为墙面，以钢铁为骨架的设计形式成为现代建筑典型的符号。可以说，玻璃幕墙的出现改变了现代建筑设计师的设计思路，中外优秀建筑设计师通过对玻璃材质的巧妙安排，创造了一座座令人震撼的建筑艺术作品，如贝聿铭的罗浮宫新馆、伊东丰雄的Tama艺术大学图书馆等。玻璃材料使封闭的建筑得到呼吸，架起了沟通的桥梁，延展了观者的视觉空间，为城市紧张快速的生活节奏提供了一个放松、温馨的环境。

二、艺术玻璃在产品设计中的表现

随着中国大陆经济持续发展，国内高端建材业的迅猛发展，艺术玻璃作为装修材料，日益受到设计师及终端应用客户的青睐。设计师可应用更多的形态结合开发出众所瞩目的展示产品或装饰产品。对于制作人员而言，优秀的表现工具将是成功作品的一部分，但是在一个简单的瓶子模型面前，软件失去了应有的个性，而材质和质感成为塑造模拟真实场景的灵魂。

（一）艺术玻璃概念

艺术玻璃产品主体为玻璃，其通透和玲珑的质感无可替代。艺术玻璃是以彩色艺术玻璃为载体，加上一些工艺美术手法使现实、情感和理想得到再现，再结合想象力实现审美主体和审美客体的相互对象化的一种物品。具体地说彩色艺术玻璃是人们现实生活中对精神世界的一种形象反映，同时也是艺术家们知觉、情感、理想、意念等综合心理活动的有机产物。广义的艺术玻璃覆盖了所有以玻璃材质为载体，体现设计概念和表达艺术效果的玻璃制品，包括艺术作品、工艺品和装饰品等，而狭义的艺术玻璃则仅仅指的是艺术作品。

不论是玻璃的光影变化通透特质，还是人们欣赏现代玻璃艺术时，产生的梦幻，话意等也理的感受，都与中国传统的梦幻文化产生共鸣。在中国古代的梦幻文化中占主要地位，对神灵的崇拜随着人们主体意识的增强逐渐动摇，使梦幻文化有了超越神灵的部分。玻璃给人们带来的梦幻喻义的本质是人们思想的一种特殊表现形式。人们在梦幻中寄托了在现实生活中难以实现的理想，借助梦幻超现实的隐喻特性表现自己对社会、对人生、对生命的追求。

艺术玻璃是设计师艺术家们知觉、情感、意念等综合心理活动的有机产物，也是技术的加工得到的一种玻璃制品。艺术玻璃在艺术史的发展进程中占有举足轻重的地位，世界的各个角落都有其发展的足迹。首先，它几乎是透明的，周围环境所有的光源在玻璃杯上都会反射成高光，即使从窗口射入的光，也将形成矩形高光。其次，较厚的玻璃透明度较低。最后，在真实的环境下，玻璃或多或少地会反映周边环境。因此，必须满足几个条件才能得到一个看上去真实的玻璃制品，玻璃制品最好有多个面，各面具有不同的反射光线，从而产生不同的层次。必须在场景中放置充足的光源，以产生高光，从而确定出玻璃制品的形状。玻璃质感表现得好坏在很大程度上取决于外界的环境因素，因此建立一个良好的环境尤其重要。

（二）艺术玻璃在产品设计中的表现

光与影在自然界中即互补又相互依存，艺术玻璃因其透光性和折射性的特点，影响空间的艺术效果，光线穿过艺术玻璃时，空间与光影效果相结合，给人一种简洁明了的线条感和光鲜夺目的艺术效果，光影搭配形成的效果是一种抽象的效果，这种抽象的效果带给人的是朦胧、隐约的艺术感觉。不光能让参观者关注到玻璃表面的反射效果，也能看到材料的肌理效果，将艺术玻璃光影表现力发挥得彻底与纯粹。对于空间气氛的营造、突出空间主题，有着点题的作用。

玻璃的兴盛顺应了时代的进程和科技的发展，玻璃通透无瑕的质感给人视觉上的美感和心理的享受，奇幻的光学效应引起人们无限的遐想，十分迎合现代人的审美情趣。玻璃材料的千变万化几乎可完美展示创作者的内在世界。从欣赏者角度来说玻璃的特性同人们追求高品质生活、高层次精神享受的步伐一致。玻璃虽是一种古老的材料，但在新时代的科学技术条件下它被

赋予了新的审美意义。色彩多变的特性成为设计师常用的设计手法。不同的颜色既能够丰富设计空间的内涵，又能将设计空间的内外环境相结合构成一个有机的整体。给欣赏者带来不同的体会，为整个空间加分添彩。

艺术玻璃的质感表现力与光影和色彩的表现同样重要，质感的表现分为两方面：视觉的表现与触感的表现。艺术玻璃不同的质感表现力能够在空间中展现不尽相同的装饰风格，带来的视觉效果更能强化设计空间对人的感染。视觉质感表现力，主要表现在视觉感受上，表面光滑平整的玻璃表现出干净晶莹、冷峻挺拔的视觉特征，适合用在公共空间中，加深空间的第一印象。而像表面模糊的玻璃表现出的朦胧感，向人们传达出温馨、体贴的感觉，可以说不同的视觉表现力影响着人们对产品设计空间的初步判断。

触觉质感的表现力，相比于视觉表现力的“看得见”，触觉的表现力更加侧重的是“摸得着”。触觉相比于视觉在平面上带来的感官效果，其本身带给参观者的是一种三维的体验，对玻璃表面形成的图案的起伏加深了参观者的触觉印象。同时触觉的表现力可以通过不同的设计手法得到完善和加强，通过交错的方式，利用不同玻璃的质感相互叠加，不再局限在每块玻璃的尺寸、大小，进行创作设计形成多变的效果，吸引参观者的关注。触觉与视觉这两种质感的相互结合也避免了参观者一味地参观形成的审美疲劳现象。

第三节　金属质感的表现

金属质感以华美的外观、硬朗的线条、迷离的光泽在设计界受到至高无上的推崇。金属光泽由于反光度极高可以折射出五彩斑斓的世界，在产品设计上的应用十分的广泛。装潢材料、手机家电、名片海报、数码产品等领域应用十分广泛。我们要立足于“艺术来源于生活、升华于生活”的基本理念来充分发掘金属质感的内涵，把金属质感这个设计界兴起的概念和社会科技发展充分的融合，使之更好地服务于商品经济为人类创造财富的同时，也为人类在感官上创造更为安逸舒适的高品质生活。

一、基本理论

金属是一种具有光泽（即对可见光强烈反射）、富有延展性、容易导电、导热等性质的物质。地球上的绝大多数金属元素是以化合态存在于自然界中的。这是因为多数金属的化学性质比较活泼，只有极少数金属如金、银等以游离态存在。金属在自然界中广泛存在，在生活中应用极为普遍，是在现代工业中非常重要和应用最多的一类物质。

在造型艺术中把对不同物象用不同技巧所表现把握的真实感称为质感。不同的物质其表面的自然特质称为天然质感，如空气、水、岩石、竹木等；而经过人工的处理的表现感则称人工质感，如砖、陶瓷、玻璃、布匹、塑胶等。不同的质感给人以软硬、虚实、滑涩、韧脆、透明与浑浊等多种感觉，中国画以笔墨技巧如人物画的十八描法、山水画的各种皴法为表现物象质感的非常有效的手段。而油画则因其画种的不同，表现质感的方法亦很相异，以或薄或厚的笔触，画刀刮磨等具体技巧表现光影、色泽、肌理、质地等质感因素，追求逼真的效果。而雕塑则重视材料的自然特性如硬度、色泽、构造，并通过凿、刻、塑、磨等手段处理加工，从而在纯粹材料的自然质感的美感和人工质感的审美美感之间建立一个媒介。

质感是一种视觉上的冲击效果，多为冷色系，金属感。质感通常指做工精细，冰冷且艺术的感觉。

二、金属质感设计要素

金属质感即并不是金属的材质，但却有着像金属一样的光泽。金属质感产品设计要素是产品装饰所用材料表面的纹理和质感。它很大程度影响到产品包装的视觉效果，利用金属装饰材料表面的变化或表面的形状可以达到产品最佳视觉效果。产品设计用金属质感理念彰显出不同的质地和肌理效果。运用金属质感的材料，并妥善地加以组合配置，可给客户带来新奇、清凉或豪华等不同的感觉。材料装饰要素是产品外观设计的重要环节，它直接关系

到包装的整体功能和经济成本及产品给人带来的视觉享受等人文关怀理念。产品装饰设计的目的是为了能以最快捷、最醒目、最悦目的状态来强烈吸引消费者注意。

产品材料本身的感觉特性以及材料经过表面处理之后所产生的心理感受构成了材料的表情特征，它们给产品注入了情感，就像镶在产品上的微笑，启示着人类要将其纳入相应的氛围与情感环境之中。材料的表情是人们通过知觉赋予材料的情感体验，是将视觉物质材料的性状与人性的情感体验相对应。同时也是人性化设计及生态型设计观念，对视觉材料的设计应用提出的要求，在设计史上有许多优秀的作品都是由材料的性格与表情启发了设计师的灵感，从而应运而生的。

金属质感由于其高密度、低摩擦度反光原理可以折射出繁华世界各种复杂变换的情趣。金属的质感展示在人们面前的是高贵、厚重的装饰魅力，表达的是一种坚毅的语言，一种沉稳的宁静。金属质感的肌理细腻、线条冷艳以一种独特的视觉角度摆脱了普通流行设计中的喧闹、繁杂、缤纷艳丽的手法，积极探索着色彩设计的理性与单纯。在低色彩的属性上，通过高度光泽的流动量，用折射角度排列出绚烂的光斑使设计作品熠熠生辉。不同的加工方法和工艺技巧使得金属材料在产品造型中具有很多不同的特点，产生不同的外观效果，从而获得不同的感觉特性。金属材料的感觉特性是由金属的触觉质感和视觉质感所形成的，如粗犷与细腻、粗枯与光滑、温暖与寒冷、华丽与朴素、浑重与单薄、沉重与轻巧、坚硬与柔软、粗俗与典雅等基本感觉特征。此外还包括物理属性，即材料表面传达给人的知觉系统的信息，如材料的肌理、色彩、光泽、质地等。

金属质感元素创意来源于金属原料，金、银、铜、铁……金属诞生的背景是和人们的生活密切相关的，人们最初利用金属元素只是为了满足生存和生活基本的需要，靠冶炼、锻打等工艺手段把金属制作成各种生产生活工具。

随着温饱问题的解决，文化艺术和精神生活成了人们另外的目标。人们最原始的设计理念萌芽是女人装饰用的环佩、男人头上戴的发冠和王冠。金属硬朗的线条是至尊无上权力的象征；金属高密度反光的特性是其它色彩无可匹及的典范；金属的实用性潜意识里渗透着人类生活的依赖。无论在心理因素还是视觉因素上，金属散发出来的魅力都具有磁石一样的吸引力。

三、金属质感风行的原因

金属质感将美术与自然科学相结合通过造型设计运用到生活中、产品的制造中，已经不是简单的色彩渲染，它赋予产品一种灵魂，一条和现实接轨的纽带。金属质感向人类宣泄的不单纯是色彩，它涵盖了“科学技术、艺术展示、材质搭配、心理回归”等许多元素在其中，这个就是金属质感风行几千年的原因所在。

在中国古代金属质感受到王侯将相、一代帝王的推崇，在科技迅猛发展的今天金属质感也备受消费者青睐。金属质感风行的原因在于数码产品在包装和设计上大比例的应用。产品外观的造型设计的主要目的是展示产品本身的性能和使用优势，不同的色彩给产品的性能带来不同的解析。从心理学角度来说，人们容易并且喜欢接触光的、经过加工的金属表面，因为这样的金属表面带给人以细腻、高贵、光洁、凉爽等感受，从而愉悦人的心灵。人们不喜欢表面锈蚀的金属件，因为它会产生粗、钻、涩、乱、脏等不快心理。视觉质感是触觉质感的综合和补充。一般材料的感觉特性是相对于人的触感而言的。由于人类长期触觉经验的积淀，大部分触觉感受已转化为视觉的间接感受。

金属质感渲染的是稳重可以信赖的语言符号，表达的语言是“踏实、厚重、富有、灵动、迅捷”。是可以信赖可以依靠的榜样，金属质感衬托的是产品的原始造型，绝对不会出现设计中色彩过于繁杂喧宾夺主的设计误差。金属质感的设计使设计师更容易轻松的驾驭自己的灵感，只要在设计过程中着重设计对象线条的把握、反光和角度的位置、设计理念的疏导就可以精确地表现产品的定位。

金属质感设计是在商业化产品设计上发展起来的一种商业形式色彩。不

同于其他自然色彩的地方是金属色彩具有天然的自身光晕。外国许多著名设计师都喜欢把这种金属特有的光晕元素的光波进行计算机数字频率分析，模拟金属光波的频率添加在其它色系和色谱中产生一种变相的彩金闪烁的金属光泽。这种光泽的折射率很高，由于染色配料中包含了很多金属微粒，在光线的照射下金属微粒的反光度极高可以向四周散开，蕴含着钻石的闪烁光泽。

材料与人的情感之间有一定的联系，有让我们感觉亲近的材料，有感觉远的材料，首先让人感觉最亲近的材料是生物材料如木、棉等，其次是自然材料如金属、石头、玻璃等，最后是人工材料如塑料等。因此，采用离人越亲近的感性材料进行设计，是增加产品感性因素的一种有效手段。对感性材料的应用是拉近人与自然的距离，激发了消费者内心对自然的向往和渴求的情感，达到一种“天人合一”的神奇体验。由于含有化学成分过高、成本过大，还没有在产品设计、装潢领域正式推广。由于高科技产品不断更新换代，金属质感设计的应用领域不断地拓展，金属质感涂层在不同物质界面应用范围不断扩大。

四、金属质感表现实例

产品设计是一个光线色彩、线条质感、商业推广之间相互协调彼此融合的一个行业。金属质感以它特有的炫目光感越来越受到人们的重视，在正常的光谱里脱颖而出。金属质感不属于任何色系，带着一丝冰冷、带着些许的厚重、以宁静的姿态折射世间的万紫千红。以一种冷艳凝重的肌理渗入人们的记忆，是一种让人用心去体会的色彩。金属质感在商品领域的应用有着举足轻重的作用，用理论去发掘它的优势，用实践去开拓金属质感带给商品的潜在市场契机是艺术赋予我们人类的责任。

随着数码科技的发展，金属质感设计的应用是在产品设计的推广上展开的。正常的色彩学上由于色彩吸收光波长短的不同，于是就产生了七色的光，而金属光泽是吸收少量的光源，把大多数的光全部折射的一种物质。随着光学和物理学的发展，金属光泽在波长和折射的领域还有很多发展的特质。金属质感的光波于正常色相用特殊的化学手法有机的结合，让自然界反射太阳的七色光谱都镀上金属的光晕。使七色的自然色素不简单的只会吸收光线的波长。还会折射出金属质感，使所有的色彩都能闪烁出如钻石一样璀璨耀眼的光。

例如：索尼 Xperia Z1 于 2013 年 9 月 4 日在德国 IFA 大会正式发布。上市版本有黑色、白色、紫色三种机身颜色。Xperia Z1 并非是第一次将其它产品技术融入智能手机中，只不过这次的技术融合更加符合“One Sony”理念，毫无疑问，这是一次技术融合胜利，同时也意味着 SONY 在工业设计上又一进步，SONY 在品牌的差异化上依旧保持着它贯有的特别，因此我们在 Xperia Z1 上能看到许多的闪光之处。

Xperia Z1 系列手机从来是以方正的直板造型面对用户，不过在大屏幕下的方正造型与握持感受始终呈反比，拥有 5 英寸的屏幕的 Xperia Z1 似乎能打破这一传统的认知，在金属材质与全新的平切角度边框的支持下，拥有 144 mm×74 mm×8.5 mm 三围尺寸的它有着舒适的握持感受。当然这并不是 Xperia 系列第一次使用金属材质机身，无论是独特的铝制开关按钮还是带来舒适触感的边框，它们的出现都显得那么自然。

在 Xperia Z1 身上我们能清晰地看到全方位对称的日系风格设计，正反面钢化玻璃设计，IP55/IP58 防护等级所带来的防水防尘功能，无实体按键的设计将屏幕与边框融合得非常完美，息屏时丝毫感觉不到边框的存在，这就是 Xperia Z1 带来的“息屏美学”。Xperia Z1 将所有按键都布局在机身的右侧，圆形铝制电源键凸起式设计，让用户拥有舒适的按压感，相比之下音量调节与相机按钮就显得有些别扭了，过短的键程以及细小的健身，会让用户生出一丝别扭。

第四节　塑料质感的表现

材料是工业设计的物质基础，材料及工艺的选择须适合产品性能及审美

要求，并与环境相适应。现代社会中被工业广泛使用的材料非常多，塑料是其中较为重要的一类。塑料作为人们日常生活中接触到的最频繁的材料种类，以其独有的特点和优势占据着大多数产品市场。在现代工业产品设计领域，塑料材质产品的科技含量和工业设计水平日趋提高，对于塑料产品在色彩、质感设计重视程度与日俱增。

塑料种类繁多、特性差异大、质轻、易加工，能衍生出数千种特性和运用方式，使许多产品造型设计具备了技术及经济上的可行性。当前，对塑料的应用研究集中在改变塑料化学成分、物理特性等方面，这使塑料成为特性多样化的材料之一，特性的丰富加大了塑料在设计中选用的自由度，但也增加了不确定性。因此，对设计中塑料特性与造型的相适性研究有一定的必要性。文中结合产品造型元素分析、比较塑料在造型中的自由性和约束性，给设计师在塑料的选取、应用方面提供启示，以达到设计中造物选材的相适性。

一、基本理论

塑料是在一定条件下，一类具有可塑性的高分子材料的通称，一般按照它的热熔性把它们分成：热固性塑料和热塑性塑料。它是世界三大有机高分子材料之一（三大高分子材料是塑料，橡胶，纤维），塑料的英文名是plastic，俗称：塑胶。塑料的种类繁多，工艺繁杂，本材料只介绍一点注塑用的塑料材料。

质感是物体表面由于内因和外因而形成的结构特征，通过触觉、视觉、听觉所产生的综合印象。作为工业设计的三大感觉要素（形态感、色彩感和材质感）之一的质感，体现的是物体构成材料和构成形式而产生的表面特征。质感有两个基本属性：一是生理属性，即物体表面作用于人的触觉和视觉系统的刺激性信息。如：软硬、粗细、冷暖、凹凸、干湿、滑涩等；二是物理属性，即物体表面传达给人知觉系统的意义信息。如：材质类别、价值、性质、机能、功能等。

二、塑料的造型特点

塑料目前还没有彻底攻破金属的防线，并不是性能上的缺陷，而是因为高强度塑料成本过高。例如，飞机对重量的要求尤为苛刻，并且飞机制造业的成本压力较小，所以现代飞机中塑料重量占比已经达到40%，波音 787 更是将这个数字提升到了 50%，远远超过了汽车业。塑料作为重要的设计和制造材料，在仪器、仪表、家用电器、医疗器械、交通运输，农业轻工、包装日用等领域应用广泛。塑料的特性体现在造型设计中主要表现为 3 点：

首先，具有独特的造型工艺性。塑料成型方便，易制造出形态复杂的造型，因而在产品造型设计时受到的工艺约束性较小，设计师可较自由地运用造型元素表达产品形象。

其次，具有丰富的质感表现性。质感是造型设计的重要元素，产品在取得合理的形态之后，塑料能表现较为丰富的质感。塑料产品质量硬且具有适当弹性与柔度，可呈现出柔和、亲切、安全的触觉体验，也可呈现出光滑、纯净的肌理效果，还能注塑出各种花纹、磨砂等效果，容易着色，甚至可模拟出其它材料的质地特点。

最后，塑料受环境的影响较大，外部条件变化影响产品用材。在设计中，需充分考虑塑料的耐候性、耐腐蚀性、带电现象、降解、应力状态、使用时间等，以规避或降低外部条件变化对产品的影响。

三、塑料质感与造型元素的适应性

塑料质硬且具有适当的弹性和柔软度，给人以柔和、亲切、安全的触觉质感。由于塑料的组分中有色料的存在，所以塑料具有无限着色性，这是许多塑料制品吸引人的一个重要因素。由于色料分布于整个材料中，整个材料色彩相同，不像油漆只在表面，相对其它材料，降低成本，提高耐划痕性。在人类社会现代化进程中，材料起着至关重要的作用。作为人类文明社会使用的三大材料：金属、无机非金属、有机合成材料（包括高分子材料）为推

动人类社会进步和人民生活水平提高奠定了坚实地物质基础。

（一）塑料质感与造型元素的适应性原因

1. 产品外部因素对选材的限制

塑料种类多，特性变化大，决定了在选用时需综合考虑产品外部因素。认识外部因素的过程就是对选材目的确定过程，各种因素综合决定产品选材。把这些因素归纳起来，主要包括：环境、空间等因素对选材的限制；社会、文化、市场等因素对选材的限制等。

2. 塑料与产品造型的相适性

在产品造型设计阶段，科学合理地发挥材料特长，是造型设计较为重要的内容。塑料自身的造型特点会直接影响产品的外观品质、装饰效果和经济效益等。此外，一次注塑成型技术赋予塑料产品造型更大的设计自由性，保证了复杂曲面造型的工艺可行性，同时满足产品的强度要求。

3. 塑料与产品结构的相适性

在结构设计中，塑料制件的结构应满足易成型的要求，同时应降低模具的制造难度。产品塑料制件内、外表面尽可能不采用复杂的半合分型与侧抽芯；塑料制件较高时，内、外表面沿脱模方向需设计脱模度；同一造型外壳壁厚尽可能一致或均匀，以免成形时因材料流动不顺引起气孔或分布不均，且制件壁厚一般取 2 ～ 4 mm；承重的塑料制件除需选择刚性较大的塑料外，可采用加强筋增加制件的强度，避免制件变形和翘曲。塑料制件转折部分一般采用圆角过度，避免应力集中而产生破裂。塑料制件的支撑面一般采用突出的支脚，而不是平面，采用突出的支脚避免了由于塑料面高度不均而引起接触面的不平整。

4. 塑料与产品质感肌理的相适性

在产品的表面工艺设计中，质感发挥了重要作用，可充分体现产品造型的技术性和艺术性。塑料在注塑成型过程中，利用原料着色和模具表面工艺处理，使塑料制件表面获得不同的肌理和光泽。也可通过后期的蚀刻、喷砂、切削、抛光等表面处理工艺获得不同的表面触感。

综上，塑料的特性赋予了产品造型设计较大的自由性。选材的方法包括：在设计中通过外部因素分析对产品用材目的提出要求；自由造型，运用塑料较强大的曲面成型能力表达设计师造型意图；结构设计中合理利用塑料产品结构设计规律，优化造型设计方案，以方便成型；利用塑料丰富的质感与色彩赋予产品新颖感。

（二）塑料质感在造型设计中的应用实例

高分子材料是物质科学中的新学科和生长点，这门重要的科学分支开辟了 20 世纪化学研究的崭新领域，为发展和丰富人造物质提供了新途径、新思路。回顾高分子科学的发展史，不难看出每隔 5 ～ 10 年就有一个高分子新材料出现，每隔 10 ～ 20 年就有一个高分子新产业诞生，这充分体现了这门学科强大的生命力和蓬勃发展的生机。高分子材料无疑是化学科学发展中的成功范例，是物质科学发展中具有划时代意义的里程碑。

依据塑料特性与造型设计的相适性原则，在电蒸锅造型设计中进行应用。完成初步造型概念设计之后，根据产品使用环境、性能要求等因素选择塑料为主要材料。电蒸锅造型来源于传统笼屉结构，结合现代人蒸煮习惯、审美意识及批量生产要求，拟采用方形笼屉造型并利用塑料的透明质感展现蒸锅工作时的内部情况。电蒸锅的使用方式决定了对材料的要求：可耐高温、可直接与食物接触；具有较好的工艺成型性，透明部分需体现较好的质感；结构设计符合塑料制件基本要求。确定产品造型与材料的相适性，主要考虑产品造型是否可行，预想材料是否合理。外壳是整个产品的主体，也是露在外部最多的部分。因需接触高温部件，故对材料耐热性有较高要求。

此外，中国汽车工业作为国民经济的重要支柱产业，十二五期间，我国汽车、家电、消费电子、医疗器械等下游行业将继续保持较快发展，这些行业对塑胶件的需求将持续扩大，同时需求也将呈现高端化、精密化趋势。预计十二五期间，中国塑胶件制造行业销售规模将达到 1700 亿元。据中投调查，中国塑胶件制造行业技术创新能力得到进一步增强，企业技术研发中心数量不断增多；产业结构、企业结构和产品结构不断调整，产业集约度逐步升级；

产业的整体优势得到进一步提升和加强，与国际上发达国家的差距正在逐渐缩小，某些方面已达到世界先进水平，进入从大国向先进强国迈进的可持续发展的关键时期。

江苏、浙江、上海、广东等地塑胶件制造行业蓬勃发展，无论是企业数量，还是产销规模均处于全国领先地位，行业的区域集中度相对较高。与此同时，国内企业也取得了较快发展，行业领先企业实力进一步增强。但同时，国外先进企业也看好国内市场，逐渐加大投资力度，耐普罗、赫比国际集团、安能利集团等跨国公司的进入使得行业内竞争更为激烈。

塑料由于其加工成型过程中低消耗、高效率，使用后可回收再利用，成了在汽车上实现“减量化，再利用，资源化”的过程中资源节约型环境友好材料。车用塑料涵盖了 PP、PVC、ABS、PA、PC、PE 等，最大的品种 PP，正以每年 2.2% ～ 2.8% 的速度增长，采用塑料制造汽车部件替代金属及合金材料部件，不仅可使汽车外观设计更人性化、多样化，提高安全性、舒适性、观赏性，方便装配和维修，更重要的是可减轻车重，降低油耗和碳氢化合物的排放。

第十章　工业产品设计的立体表现——模型制作

第一节　工业产品模型概述

产品模型塑造作为现代设计师必备的技能之一，变得更加科技化，手段更加多样化，效果更加真实化。从设计的角度来看，手工模型塑造更具有体验设计、修改方便及真实体现等优点，设计师可以通过模型塑造分析产品各阶段的形态，不断自我完善设计。

工业设计师在进行产品设计时，紧紧围绕所设计课题进行调研、分析、构思及研讨等活动，但最终目的是使产品以一种满足人们需求的、最合理的实物形态呈现出来。如何获得这种实物形态，必定要花费大量的时间进行产品模型塑造。“模型”是对未来将要生产的产品的真实模拟，在艺术设计领域中，更多时候是指对造型形态的塑造和创造，通过真实的材料表现产品设计方案的最终效果。产品模型塑造贯穿于整个产品的设计中，就其用途来讲，可分为草模型、功能性模型和展示模型塑造 3 大类。3 种产品模型塑造对产品形态设计起重要作用，是对产品形态进行分析与创新设计的重要表现手段，也是对产品形态进行验证与合理实现的重要保证。

一、模型简介

（一）模型的定义

模型是把对象实体通过适当的过滤，用适当地表现规则描绘出简洁的模仿品。通过这个模仿品，人们可以了解到所研究实体的本质，而且在形式上便于人们对实体进行分析和处理。

模型在很多地方称手板或首板，即产品的第一个样板，早在 20 世纪 70

年代我国香港就开始有手板的兴起了。因为那时都用手工制作为住，因而得名“手板”，“手板”制作的目的一方面是通过快速制作出样板（即手板）去面对客人，利于产品的宣传和推广。另一方面是在制作模具时有所参考，快速而直观预先检验结构设计尺寸。

实际上，模型就是通过主观意识借助实体或者虚拟表现构成客观阐述形态结构的一种表达目的的物件（物件并不等于物体，不局限于实体与虚拟、不限于平面与立体）。模型≠商品。任何物件再被定义为商品之前的研发过程中形态均为模型，当定义型号、规格并匹配相应价格的时候，模型将会以商品形式呈现出来。

从广义上讲：如果一件事物能随着另一件事物的改变而改变，那么此事物就是另一事物的模型。模型的作用就是表达不同概念的性质，一个概念可以使很多模型发生不同程度的改变，但只要很少模型就能表达出一个概念的性质，所以一个概念可以通过参考不同的模型从而改变性质的表达形式。

当模型与事物发生联系时会产生一个具有性质的框架，此性质决定模型怎样随事物变化。

（二）模型设计制作的几种成型方法

1．减法设计成型法

减法设计成型法适用于设计制作简单的小型产品模型，实际上是采取省略、切割等方式，在一个或几个基本几何形体上进行设计和加工，从而获得新的几何体的造型。此类设计可用易成型的黏土、油泥、石膏、硬质泡沫塑料等为材料，以手工方法切割、雕塑、锉、刨、刮削成型。

2．加法设计成型法

加法设计成型法这类模型设计制作多以中型产品为对象，如洗衣机、冰箱、空调、电机、机床等。加法成型是以积木式方法把一些基本形状几何体块面采取堆砌拼合成为新的造型实体。多采用聚乙烯树脂塑胶型材，也可采用木材、翻土、油泥、石膏、硬质泡沫塑料来制作。

3．混合设计成型法

混合设计成型法是一种综合设计成型方法，通过加、减或各种成型的结合、补充完成的较大型产品模型。如大型机床、汽车、舰船、导弹、飞机、卫星等。一般宜采用木材、塑料型材、金属合金材料为主要材料制作。

二、模型在工业产品设计中的应用

模型是用实物表现设计，使设计更具体直观是用创造性的工艺，创新产品任何缺陷都可以在产品开发的前期得以发现和改良，使产品在开模之前有一个成熟的设计。

（一）在设计构想和交流中的应用

设计构思是计划、构想、设立方案，也含意象、作图、制型的意思。设计过程即根据设计对象的要求进行构思，并绘制出效果图、平面图，再根据图纸进行制作，达到完成设计的全过程。可见，没有构思，就谈不上设计，没有好的构思，就不可能产生好的设计。因此，研究设计的构思对培养设计人员的基本素质，提高设计水平有着积极的意义。构思，在人们的生活和艺术创作中具有统筹和指导性意义。在产品的构想过程中，灵感的出现往往是非常短暂的一瞬间，设计师要快速的将思维转化为视觉化的符号。在初步的构想形成以后，设计师需要对初步的构想进行进一步的发散性构思，过程中充分运用油泥等易于成型的材料制作，对构思方案进行简化、减弱、归纳、概括、组合、取舍等各种思考方法和手段，以寻找到最佳的形式。同时，运用对构思产品的控制模式、携带方式、运动方式、动作、空间结构进行进一步的分析和设计，也极大地方便了工业设计师和结构工程师、电子工程师得沟通，避免不必要的重复劳动，从而缩短了产品的开发周期。

同时，设计管理者是一个重要角色，在内部是对设计责任的承担。在设计部门设计管理者主要是抓统领的管理工作，设计方面的操作由设计经理安排，如设计经理对所有下属的工作表现、成绩考核、设计进展、需求进行汇总后报告给管理者。设计经理是设计管理者和设计师之间的桥梁，设计师作为设计沟通的首要因素。不仅是设计工作者其它含有角色背景的领导者、联络者、监听者、传播者、发言人、企业家、矛盾调停人、资源分配者、谈判者，设计师之间也必须有效地进行沟通。内部设计沟通的管理是为了设计队伍的协同和管理，外部设计沟通是设计部门与企业其它部门和社会的协同和管理。内部沟通模式的建立可以对企业各个部门和外部系统的信息进行整合，协调设计所需的各种资源，实现部门间及时的双向互动，对整个设计过程实施监控。

艺术设计是功利性极强的艺术行为，设计师是在取得客户审美认同的基础上获取工作报酬，其价值的体现需要以设计合作关系建立为条件。其思维特征就是在思考过程中有明显的辩证逻辑特征，以及逻辑思维与形象思维、理性与感性、抽象与具体、主体与客体之间的对立统一。从设计企业运作总体情况来看，每年能保证有 30% 左右客户签单率的企业算是比较成功的了，不是设计市场太小，而是项目双方无法就设计需求达成一致。往往一边是设计师抱怨客户素质低下、欣赏水平有问题，另一边客户又在抱怨设计师素养太差、无法满足它们的审美要求。其实，如果我们把设计放在市场环境中来研究会发现，出现这种情况的根本原因与项目双方的沟通程度和沟通效力有着直接的联系。不管任何类型的设计项目，实施双方就设计需求进行探讨都是设计思维发展的前提，其结果对项目顺利实施的影响都非常明显。对设计师思维展开具有一定的指导意义。

当然，每一位优秀的设计师在设计过程中都在追求创新，都会面临着功能和形式两方面的内容。当面对一件成熟产品的时候，新的功能不可能层出不穷，设计师要做的工作很多时候可能就是在形式方面去做思考，消费者对一些日常用品的外在形式都会存在着固有的习惯模式。例如我们日常使用的电吹风，几十年以来“枪式”的外观形式已经固化在消费者心目中，设计师如果设计出其它形式的电吹风产品可能就很难为消费者所接受，这样设计师一方面要遵循已有的形式，另一方面要有所创新，这样无疑对设计师的工作提出了很大难度的要求。

当一件产品开始在市场畅销的时候，市场往往需要企业推出系列产品。而系列产品不能仅仅是尺寸的系列化，往往需要在形式上进行变化，但又需要保持原有的形式风格，设计师在设计过程中就需要对产品的按键、指示灯、文字、图案、线条等元素进行新的归纳、概括、组合、取舍，从而在统一中求得新的变化，以创造新的形式。借助概念模型为设计师提供了最快捷的新思考、突破的构思手段和工具。

（二）检验外观设计

产品外观设计的用材对外观会有直接影响，如若选用不当，也会影响产品最终外观的质量。为了保证外观设计的质量，采用自我检查的形式来检验各程序中的质量是十分有效的，可帮助工业设计师在设计中更全面地考虑问题。一个企业成功的关键是在于创造成功的产品、而产品的成功及产品的发展命运往往维系于准确的市场预测及相应的设计概念，所以正确合理的评价是市场份额的需求，当产品设计出来后只有通过模型去面对方案的评审者，才更利于新方案的评价。

当今市场上众多的产品，正在急速地摆脱傻、大、黑、粗、笨的陈旧外观，而变得琳琅满目、丰富多样，人们对产品的要求已不满足于结实耐用的可靠性方面，而且对产品外观美、材料精、工艺细乃至色彩感觉、均衡变化、仿生、富于个性等更多方面都提出了越来越高的审美要求，这说明只讲性能优劣、忽视外观价值的产品是不完美的产品，完美的产品必须具备“内”“外”两方面的质量优势。

通过制作外观模型，把设计师的构想以形体、色彩、尺寸、材质反映出来。更深入的交流、评估、修改和完善方案，检验设计方案的合理性提供有效的实物参照。通过外观模型的制作，让方案的审定者更直观地面对产品设计方案，这样用户的设计过程就是把我们的设计模块延伸到各个空间内。这样用户是自己设计了自己的房间，它们的评价过程变成设计过程，它们评价的非理性因素就被屏蔽在自己思考的过程里。最终的结果呢，我们得到的用户喜好性调查也是客观的，这样就通过外观模型真实反映了设计师的思想。

实现了非理性评价到理性客观评价结果的转变。

在工业设计专业中，产品外观设计的功能绝不是一门课程所能完成的，产品外观的物质材料、结构造型及外观比例、色彩设置等诸多要素的综合选择，贯穿于工业设计的整体课程。从基础课程严格的造型基础训练，到设计效果图的多视角、多质感的三维空间表达，从消费市场调研到人机工程学在设计上的应用，从造型材料与工艺、产品模型制作到计算机辅助设计，从长于形象思维的艺术类课程到长于逻辑思维的工科类课程的交汇共进诸多课程的学习，都离不开合理的外观设计，离不开审美形态学。

（三）通过模型检验设计的合理性

当今的生活中设计无处不在，而各种设计是否都能够为人们带来方便、舒适等各种好处呢？这些设计是否都是合理的呢？社会的发展、技术的进步、产品的更新、生活节奏的加快等一系列的社会与物质因素，使人们在享受物质生活的同时，更加注重产品在“方便”“舒适”“可靠”“价值”“安全”和“效率”等方面的评价，也就是我们常说的设计合理与否，即在产品设计中常提到的人性化设计问题。

模型制作是运用木材、石膏、塑料等材料，采用合适的结构、相应的加工工艺和三维实体表现的方法，来表现产品的设计构思和模拟产品的形态结构。模型制作则是在此基础上，运用三维形态，真实地反映三维空间中物体的尺度、比例、细节、材料、技术、表面处理等合理性，提供了产品设计评估所需要的更全面的信息和技术数据。模型制作不但能够将美好的创意变为具体的、生动的形体，而且在模型制作中，通过不断研究分析整体形态的各个角度、各个方面、各种线条、各种连接构造原理、各种材料，以及它们之间的关系等，能直观地检验自己的设计意图，并在对模型的修改中，使其设计方便，快速地得到信息。

第二节　工业产品模型的分类和常用材料

产品模型既然表现的是立体形态，那么它的构成就不像效果图那样来得

洒脱而快速，要求有严谨的工作程序，各部件制作精细、组装严实、表面处理美观，并具有强烈的说明性、传真性和表现性。

一、工业产品模型的分类

（一）工业产品模型设计

产品模型的设计与制作，是产品造型设计的继续，是产品设计过程的一种重要表现形式。设计者根据构思草图，从初模的制作到样机模型的完成，研究处理了许多草图、效果图上无法解决的问题，如结构比例尺寸、细部的曲面动态、外观的凹凸变化、造型的总体效果，纠正了从图纸到实物之间的许多视觉差异等。所以，模型的制作过程，实际上是调整、修正、补充、完善的过程，是设计—实践—设计紧密结合的过程，是将产品造型设计从无到有，从产品的平面设计到立体设计的逐渐完善的过程，也是设计师个人技巧智慧和创造力得到充分发挥的过程。

（二）模型分类

模型的类型可以依据不同的作用、材质、制作方法进行不同的划分。依据其在产品的不同开发阶段进行划分：

（1）概念模型：概念模型表征了待解释的系统的学科共享知识。为了把现实世界中的具体事物抽象、组织为某一数据库管理系统支持的数据模型，人们常常首先将现实世界抽象为信息世界，然后将信息世界转换为机器世界。也就是说，首先把现实世界中的客观对象抽象为某一种信息结构，这种信息结构并不依赖于具体的计算机系统，不是某一个数据库管理系统（DBMS）支持的数据模型，而是概念级的模型，称为概念模型。工业设计师在进行产品设计构思的时候，借助油泥等材料制作模型，是设计构思的手段和工具，在构思不断进行完善过程中制作模型。

（2）外观模型：是基于主动外观模型的图像分割算法，该方法可以分为两大部分，第一部分是训练部分，即构造一个事物的主动外观模型，这部分需要一个训练集，它的作用是让程序记住需要切割的图像的形状特征和外观特征；第二部分是图像分割阶段，这个部分是将刚才的训练集收集的关于该事物的特征在需要分割的图像里面寻找，找到与训练集相似的物体图像的轮廓和外观，然后将其从整幅的图像中分割出来。在设计构思基本定型后，将确认的构想效果图制作出模型，并进行喷油、丝印等处理，达到外观上和真实产品一致，以作为最终的外观评审之用的模型。

（3）结构模型：在外观方案确定以后，机械设计工程师进行结构设计，在设计完毕后根据结构图纸制作模型，依据需要进行结构、热性能、振动、人机进行分析模型。

（4）展示模型：在图纸交付模具厂后，注塑件还没有出来前，制作的模型通过外观处理达到外观和真品一致，并可以安装零部件以后展示、宣传推广使用的模型。它的主体为商品，展示空间是伴随着人类社会政治、经济的阶段性发展逐渐形成的。在既定的时间和空间范围内，运用艺术设计语言，通过对空间与平面的精心创造，而且使其产生独特的空间范围，不仅含有解释展品宣传主题的意图，而且使观众能参与其中，达到完美沟通的目的，这样的空间形式，我们一般称之为展示空间。对展示空间的创作过程，我们称之为展示设计。

二、工业产品模型的常用材料

（一）常用塑料材质及应用

1．亚克力（PMMA）

材料特性：PMMA俗称有机玻璃，又叫压克力或亚克力，香港人多叫亚加力，是一种开发较早的重要可塑性高分子材料，具有较好的透明性、化学稳定性和耐候性，易染色、易加工，外观优美，在建筑业中被广泛应用。有机玻璃产品通常可以分为浇注板、挤出板和模塑料。

典型用途：生产光学镜片、家用电器、餐具、日用品、仪表表盘、透明盖。透明压克力板材具有可与玻璃比拟的透明光率，但密度只有玻璃的一半。此外，它不像玻璃那么易碎，即使破坏，也不会像玻璃那样形成锋利的碎片。

亚克力板的耐磨性能与铝材接近，它不定期耐多种化学品的腐蚀。亚克力板具有良好的适印性和喷涂性，采用丝印和喷涂工艺，可以赋予压克力制品（亚克力制品）理想的表面装饰效果。

2．橡胶（TPE）

早期的橡胶是取自橡胶树、橡胶草等植物的胶乳，加工后制成的具有弹性、绝缘性、不透水和空气的材料。高弹性的高分子化合物。分为天然橡胶与合成橡胶两种。天然橡胶是从橡胶树、橡胶草等植物中提取胶质后加工制成；合成橡胶则由各种单体经聚合反应而得。橡胶制品广泛应用于工业或生活各方面。

材料特性：通用型橡胶的综合性能较好，应用广泛。主要有天然橡胶，从三叶橡胶树的乳胶制得，基本化学成分为顺—聚异戊二烯。弹性好，强度高，综合性能好；异戊橡胶，全名为顺—1，4—聚异戊二烯橡胶，由异戊二烯制得的高顺式合成橡胶，因其结构和性能与天然橡胶近似，故又称合成天然橡胶；丁苯橡胶，简称SBR，由丁二烯和苯乙烯共聚制得。按生产方法分为乳液聚合丁苯橡胶和溶液聚合丁苯橡胶。其综合性能和化学稳定性好；顺丁橡胶，全名为顺式—1，4—聚丁二烯橡胶，简称BR，由丁二烯聚合制得。与其它通用型橡胶比，硫化后的顺丁橡胶的耐寒性、耐磨性和弹性特别优异，动负荷下发热少，耐老化性能好，易与天然橡胶、氯丁橡胶、丁腈橡胶等并用。氯丁橡胶，简称CR，由氯丁二烯聚合制得。具有良好的综合性能，耐油、耐燃、耐氧化和耐臭氧。但其密度较大，常温下易结晶变硬，储存性不好，耐寒性差。典型用途：食物包装、电子产品、软性饮料瓶、鞋。

热塑性弹性体，简称TPE。TPE同时具有传统热回型橡胶之功能和性质（柔软、有弹性、触感佳），兼具有一般热塑性塑料之加工简易，快速及可回收再使用的双重优点。TPE是其功能与性质橡胶化的热塑性塑料，因此，也有人称其为热塑性橡胶（Thermoplastic Rubbers），简称TPR。

3．聚氯乙烯（PVC）

聚氯乙烯为无定形结构的白色粉末，支化度较小，相对密度1.4左右，玻璃化温度 77 ～ 90℃，170℃左右开始分解，对光和热的稳定性差，在 100℃以上或经长时间阳光暴晒，就会分解而产生氯化氢，并进一步自动催化分解，引起变色，物理机械性能也迅速下降，在实际应用中必须加入稳定剂以提高对热和光的稳定性。

材料特性：有弹性、容易上色，有多种硬度供选择，能够挤压成型、注铸和吹塑，能在低温下保持其特性，可以印刷、回收利用，具有良好的抗撕拉和磨损性，良好的抗晒和防海水性，良好的抗油和化学物质性。

典型用途：供水管道，家用管道，商用机器壳体，电子产品包装，医疗器械，食品包装。

聚氯乙烯是使用最广泛的塑料材料之一。PVC 材料在实际使用中经常加入稳定剂、润滑剂、辅助加工剂、色料、抗冲击剂及其它添加剂。PVC 材料具有不易燃性、高强度、耐气候变化性，以及优良的几何稳定性。PVC 的流动特性相当差，其工艺范围很窄。特别是大分子量的 PVC 材料更难于加工（这种材料通常要加入润滑剂改善流动特性），因此通常使用的都是小分子量的 PVC 材料。

4．聚碳酸酯

聚碳酸酯是分子链中含有碳酸酯基的高分子聚合物，根据酯基的结构可分为脂肪族、芳香族、脂肪族—芳香族等多种类型。其中由于脂肪族和脂肪族—芳香族聚碳酸酯的机械性能较低，从而限制了其在工程塑料方面的应用。

材料特性：以抗冲击性能最为突出，韧性很高，允许使用温度范围较宽（-100 ～ 130℃），透明度高（誉为“透明金属”），无毒，加工成型方便。

典型用途：安全头盔、眼镜、轻巧的光盘盒、厨房用具、计算机壳体、建筑玻璃窗、手机壳体。

5．ABS 工程塑料

材料特性：在低温下也能保持很好的抗压强度、硬度高、机械强度高、抗磨损性好、比重轻相对热量指数高达 80c 在高温下也能保持很好的尺寸稳定性防火、工艺简单光泽度好、易于上色，相对其它热塑性塑料来说成本较低。

典型用途：电子消费品、玩具、环保商品、汽车仪表盘。

ABS是由丙烯腈、丁二烯和苯乙烯三种化学单体合成。每种单体都具有不同特性：丙烯腈有高强度、热稳定性及化学稳定性；丁二烯具有坚韧性、抗冲击特性；苯乙烯具有易加工、高光洁度及高强度。从形态上看，ABS是非结晶性材料。三中单体的聚合产生了具有两相的三元共聚物，一个是苯乙烯—丙烯腈的连续相，另一个是聚丁二烯橡胶分散相。ABS的特性主要取决于三种单体的比率以及两相中的分子结构。这就可以在产品设计上具有很大的灵活性，并且由此产生了市场上百种不同品质的ABS材料。这些不同品质的材料提供了不同的特性，例如从中等到高等的抗冲击性，从低到高的光洁度和高温扭曲特性等。ABS材料具有超强的易加工性、外观特性、低蠕变性和优异的尺寸稳定性，以及很高的抗冲击强度。

6. 聚丙烯（PP）

材料特性：透明度和颜色的多选择，低密度、抗热性强，良好的硬度、牢度和强度平衡性，加工方式简单而灵活，优秀的抗化学物质性。

典型用途：家具、包装、照明设备、食物包装、桌垫、文件夹、便签纸盒。

PP是一种半结晶性材料，它比PE要更坚硬并且有更高的熔点。

由于均聚物型的PP在温度高于0℃以上时非常脆，因此许多商业的PP料是加入1%～4%乙烯的无规则共聚物或更高比率乙烯含量的钳段式共聚物。共聚物型的PP材料有较低的热扭曲温度（100℃）、低透明度、低光泽度、低刚性，但有更强的抗冲击强度。PP的强度随着乙烯含量的增加而增大。均聚物型和共聚物型的PP材料都具有优良的抗吸湿性、抗酸碱腐蚀性、抗溶解性。

（二）金属材质介绍

金属材料是指金属元素或以金属元素为主构成的具有金属特性的材料的统称。包括纯金属、合金、金属材料金属间化合物和特种金属材料等。（注：金属氧化物，如氧化铝，不属于金属材料）。人类文明的发展和社会的进步同金属材料关系十分密切。继石器时代之后出现的铜器时代、铁器时代，均以金属材料的应用为其时代的显著标志。当今，种类繁多的金属材料已成为人类社会发展的重要物质基础。

1．不锈钢材料特性

卫生保健、防腐蚀、可进行精细表面处理、刚性高、可通过各种加工工艺成型、较难进行冷加工。

典型用途：奥氏体不锈钢主要应用于家居用品、工业管道以及建筑结构中；马氏体不锈钢主要用于制作刀具和涡轮刀片；铁素体不锈钢具有防腐蚀性，主要应用在耐久使用的洗衣机以及锅炉零部件中；复合式不锈钢具有更强的防腐蚀性能，所以经常应用于侵蚀性环境。

2．铝——现代材料

材料特性：柔韧可塑、易于制成合金、高强度—重量比、出色的防腐蚀性、易导电导热、可回收。市面上铝产品的产量已经远远超过了其它有色金属产品的总和。

典型用途：交通工具骨架、飞行器零部件、厨房用具、包装以及家具。铝也经常被用以加固一些大型建筑结构，比如伦敦皮卡迪利广场上的爱神雕像，以及纽约克莱斯勒汽车大厦的顶部等，都曾使用铝质加固材料。

3．镁合——超薄美学设计

材料特性：轻量化的结构、刚性高且耐冲击、优良的耐腐蚀性、良好的热传导性和电磁遮蔽、良好的不可燃性、耐热性较差、易回收。

典型用途：广泛应用于航空航天、汽车、电子、移动通信、冶金等领域。

4．钛——轻巧而结实

材料特性：非常高的强度、重量比。

典型用途：高尔夫球杆、网球拍、便携式计算机、照相机、行李箱、外科手术植入物、飞行器骨架、化学用具以及海事装备等。另外，钛也被用作纸张、绘画以及塑料等所需的白色颜料。

第三节　工业产品模型制作的要求与原则

在现代设计中，工业产品的宜人性设计逐渐成为产品总体设计过程中不可缺少的重要环节，直接影响设计质量和产品的市场竞争力。建立了工业产品宜人性定量评价函数模型，根据产品设计原则对评价界值域进行了划分，并采用实验方法对模型进行了验证和修正。结果显示，评价模型的计算结果与用户对工业产品主观评价结论一致，可以用于产品宜人性评估。

一、工业产品模型制作要求与原则的意义

原始社会是人类社会发展的第一阶段，人类出现，原始社会也就产生了。原始社会的人们在石器的设计上，是经过艺术思考的。它们具有朴素的审美观念和艺术手法，形成了初步的设计思维。随着全球经济一体化，中西方的经济文化频繁的交流，各国之间的距离正在逐步拉近。但是每个国家都有自己国家的特色，西方先进的知识技术值得我们学习，而我们国家的优良传统文化更加不应该放弃。所以，想要创造我们更理想的生活方式。首先，设计师应该提高自身素质；其次，我们应该找到属于中国自己的设计特色；最后，我们的设计应该趋于人性化，把设计做得“有血有肉”，融入我们，才是设计师应该要达到的水平。

设计与生活方式有着密切的互为关系。其实我们生活中接触到的、接触不到的几乎所有事物都离不开设计。衣服、水杯、桌子等衣食住行都是设计的产物。有了设计，才有了世界 7 星级的建筑，才有了巴黎时装周，才有了各种款式的汽车。它提供了人日常生活的物质基础和条件，人的日常生活是生活方式具体化的形式和内容，它即是社会的，又是个人的。为使事物井然有序，我们必须进行一定的设计规划，而设计规划本身则是一个充满选择的过程。在自然界难以记数的各种形状中，画家、摄影家们选择其中的一小部分，用画笔和相机来描绘它。纺织品设计师选用一种或一组特定的形状，把它们印到布料上。这就好比是给人指路，无论是口头指示方位还是用笔画在

纸上表达，我们都不必将路上的树木、房子一一历数，只需选择最具特点的标志性建筑或物体即可。在创作设计作品时，我们选择线条、形状、材料等最重要的特征，以使观众充分体会我们所想表达的意图。

设计原则是做设计的标准，可用于指导设计和衡量设计方案的优劣。个人在写 MRD 时，会先考虑用一句话作为设计目的，描述做这个设计满足用户何种需求或者有什么作用，然后再写三至五条设计原则，满足用户这项需求时做的设计需要遵守什么。

设计出的界面中会避免使用出错参数，普通用户并不理解这些专业术语。需要具体研究出错的情况。比如，服务器在调整，该时间段不能购买，手机由于信息原因在一定时间内未获得服务器的反馈，或者是因为用户的账号余额不足等。

会引导用户继续使用。比如，由于用于的账号余额不足，可以提醒用户充值，先购买其中一部分，使用其它信用卡支付或者返回网站首页。

基于原则做设计，思路会很清晰。如果是团队合作，先是发散性思维，之后也要将设计原则明确下来，便于团队尽早取得共识并在适当的框架下继续讨论。当作 A/B 方案评测时，可对照设计原则来看。

当然，设计原则也不可照搬，靠自己研究优秀产品和日常工作中慢慢积累。当设计需求点过多无法掌控现有设计思路时，再引入设计原则。设计原则可以提高工作的效率，但如果引入过早，会限制设计师的发散性思维，扼杀很多好的想法。

设计原则是受用户需求和产品定位等因素的影响，可以说是执行设计的指导性思想，会体现在产品的细节当中，有利于保持产品的一致性。写下设计原则，即使设计发生偏差，也很容易找到自己哪里犯错误了，不断地提高自己做设计的意识。

二、工业产品模型制作以满足人的需求为目的

（一）人的需求简述

设计是一种创造活动，其目的是确立产品多向度的质量、过程、服务及

其整个生命周期系统，因此，设计是科技人性化创新的核心因素，同时，它也是文化与经济交流至关重要的因素。从定义可以看出，当代的设计的概念已与过去不同，每个时代有着这个时代特定的设计的定义，因为时代在进步，人的生活方式也在不断地改变，人们对于设计的需求在发生着改变，因此设计的定义也因时代不同而不同。根据马斯洛需求级数，从基本的生理要求的满足，到心理、文化、自我满足等要求，并不单纯是简单的生理要求的满足。如果从人的基本要求来看，应该说起码包括有两个大的层次，即物理层次或称为生理层次和心理层次。舒服、适用、安全、方便等是属于第一个层次范畴的；而美观、大方、时髦、象征性、品位、地位象征性等则是属于第二个层面的内容。情感是多方面的，有喜悦、有悲伤、有喜爱、有讨厌等。而产品设计所体现的情感，较多的方面都是积极的和关爱的，符合人的情感需求。

（二）设计与需求的关系

工业产品设计是以价值分析为前提，通过价值定向、分析、综合来确定工业产品的功能、结构和造型，以满足广大消费者的物质与精神需求。一般说来，就消费者角度而言，主要追求工业产品的使用价值，其中包括工业产品的实用性和审美性；就生产者角度而言，主要追求工业产品的交换价值，获得经济上的效益。因此，使用价值和交换价值是工业产品最基本的价值，但随着物质的极大丰富，社会结构的细微分化，在当今的消费社会里，工业产品除了使用价值和交换价值外，还拥有以区分为特点的符号价值或象征价值。文化的本质在于创造，文化发展的机制在于价值的选择，工业产品设计活动充分显示了文化的这一现象和本质。

我们的生活方式无时无刻地不在发生着改变，我们再也不是只要求打电话、发短信两个基本功能的时代了，我们有了更新更多的需求，我们需要上网、照相、摄像、听音乐、商务功能等，不同的时代，我们有着不同的需求，未来谁也不知道手机会是个什么样子。

同时，产品必须符合规定的质量标准或订货合同规定的技术条件，才可统计生产量。工业产品质量标准一律按国家标准或部颁标准执行。没有国家标准或部颁标准的产品，应按企业主管机关的标准或订货合同规定的技术条件执行，不得擅自更改标准或降低标准，不合格的产品不能计算生产量。人性化设计要求设计要尊重人的价值，以满足人的需求为目的。人的需求是多方面的，在基本物质生活满足以后，高一级的精神需求就成为主要需求，而不管是物质的还是精神的需求都是以将二者相统一的产品形式来体现的。美国心理学家马斯洛将人的需求大致分为五个层次：生理需要、安全需要、爱和归属需要、尊重需要、自我实现的需要。

（三）设计满足需求的方法

首先，设计的目的在于满足人自身的生理和心理需求，因而需求成为人类设计的原动力。需求不断推动设计向前发展，影响和制约产品设计的内容和方式。美国行为科学家马斯洛提出的需要层次论，提示了设计人性化的实质。改革开放以来，随着社会主义市场经济的确立，中国的发展进入了一个全新的时代，国民经济高速增长，人民生活水平显著提高。人们对产品的质与质的需求提升到空前的高度，而且人们的需求越来越具体化、个性化，设计的目的是人而不是产品本身，既然人们对产品的需求越来越个性化，所以设计师应设计出更有个性的产品。

设计应该是愉悦的，这也应该是每一个做设计的人所追求的，愉悦属于我们的心理需求层次，其实，愉悦并不仅仅属于用户，同时它也属于设计者，设计本身是一个愉悦的过程，那么当我们能为使用者带来愉悦时，我们其实会获得更多的愉悦。在生活中，我们需要方便，舒适，更需要快乐。这既是我们需要的，也是设计需要达到的。传统的切苹果的方式既不安全，又费时间，而宜家家居设计的一款苹果刀不仅能够均匀的切成八瓣，且一刀下去就好，苹果核也被分离出去。人们每次使用这个苹果刀，都会觉得很好玩。我想这就是获得愉悦的过程。一个小的产品既满足了第一需求又满足了第二需求，它是很成功的。

其次，产品的人性化设计主要从两个层面来满足人的需要。一是生理和心理层面需要的满足，人性化的设计要求在以人为本的思想指导下，将设计

的重点放在如何使产品更适合人的使用上。现代人机工程学对人体生理和心理的研究已经较为完善，设计师主要借助人机工程学来使产品适应人的生理、心理特点和使用习惯，提高产品在使用中的便利性和宜人性。第二个层面是审美和文化方面的需求。人性化的设计要求产品设计要从人对美的评价标准出发，通过对造型、材质、色彩等方面的合理组合，给产品的使用者带来审美的愉悦。产品的文化价值的需求涉及社会价值观念、民族习俗、伦理道德等诸多方面的内容，这就要求设计师在设计之前要通过细致的调查分析，了解消费者的喜恶倾向，并依靠自身敏锐的感知力对产品功能和形式加以预测。同时，好的功能对于一个成功的产品设计来说十分的重要。人们之所以有对产品的 需求，就是要获得其使用价值 —— 功能。如何使设计的产品的功能更加方便人们的生活，更多、更新考虑到人们的新需求，是未来产品设计的一个重要的出发点。一句话，未来的产品的功能设计要具备人性化。如送饭或药品的小车，在它的轮子上设计一个刹车装置，这样就不怕碰撞而使车子滑开伤害到小孩或老人。又如超级市场的购物车架上加隔栏，有小孩的购物者在购物时可以将小孩放在里面，从而使购物更方便和轻松。

再次，设计的目的是为人而不是产品，而现代人的消费观念已经不是以前仅仅满足于获得产品的使用价值。在产品设计中实施“情感化设计”，就是把产品设计的起点定位于当今的中国人身上，从它们的生活形态出发，研究尽可能符合消费者情感需求条件，设计出无论是在技术上还是情感、风格上都合理、丰富与多元化的产品。一般常说的人性化设计，也是满足人们的情感需要，根据前面所说的，无论是形态人性化，还是色彩人性化或是材料人性化，其实都是在满足不同人们的不同情感需要，比如，设计给女人使用的产品，就要设计的符合女人的情感需要，满足女人追求浪漫，需要温暖的情感需求；而给男人设计的产品就要符合男性的审美，偏重理性方面的设计会偏多一些；为老人设计的产品就要体现对老人们的情感关怀；为特殊人群设计的产品要体现对它们生理和心理上的关爱。

最后，一个设计的成功之处往往在于细节部分的设计，那么我们在使用这些产品时是否对这些细节有所需求呢？答案是肯定的，宜家的成功之处就在于它抓住了人们生活中所忽略的细节，设计出这样的产品，让人在使用过程中更加的方便且充满乐趣。以宜家的厨房产品为例，对于家庭主妇来说，每天重复做饭的工作确实无味，但生活中如果用上这几个造型新鲜的小东西，一定会为无聊的生活增加色彩，这即是细节的魅力。一个去核器，一个开酒器，一个压蒜器，解决了生活中细小琐碎麻烦的工作。细节这个需求位于我们第一需求层次和第二需求层次之间，产品的细节既是物理的，给人舒适感，带来方便，同时又是心理的，能给人带来情感上的体验，获得愉悦。

三、工业产品模型制作在人机工程学中的运用

（一）人机工程学的发展

现代工业产品的设计一般都符合人机工程学原理。所谓人机工程学，即应用人体测量学、人体力学、劳动生理学、劳动心理学等学科的研究方法，对人体结构特征和机能特征进行研究，提供人体各部分的尺寸、重量、体表面积、比重、重心，以及人体各部分在活动时的相互关系和可及范围等人体结构特征参数；还提供人体各部分的出力范围，以及动作时的习惯等人体机能特征参数，分析人的视觉、听觉、触觉以及肤觉等感觉器官的机能特性；分析人在各种劳动时的生理变化、能量消耗、疲劳机理以及人对各种劳动负荷的适应能力；探讨人在工作中影响心理状态的因素以及心理因素对工作效率的影响等。

社会的发展、技术的进步、产品的更新、生活节奏的加快等一系列社会与物质的因素，使人们在享受物质生活的同时，更加注重对产品在“方便”“舒适”“可靠”“价值”“安全”和“效率”等方面的评价，也就是在产品设计中常提到的人性化设计问题。所谓人性化产品，就是包含人机工程的产品，只要是人所使用的产品，都应在人机工程上加以考虑，产品的造型与人机工程是结合在一起的。从工业设计这一范畴来看，大至宇航系统、城市规划、建筑设施、自动化工厂、机械设备、工具，小至家具、服装、文具以及盆、

杯、碗筷之类各种生产与生活所创造的产品，在设计和制造时都必须把人的因素作为一个重要的条件来考虑。为满足人们的某种需要而设计生产的物品，处在设计与制造过程中的物品称为产品；产品涌入市场，进入流通阶段称为商品；商品一旦售出，被消费者选取，成为生活用品时，则被称为消费品或用品，由于它是生活之道的用具，还称其为道具。

（二）在人机工程学运用的意义

价值、使用价值和交换价值是产品的基本属性，作为设计者、制造者对价值、使用价值和交换价值都会做全面的思考，而作为消费者当购买物品完成交换过程后，注重的更多的是它的价值和使用价值。人机工程学因素往往是企业提高其竞争力的手法之一。若说“人性化产品”是与“人”合为一体的产品设计，“人机工程因素”则是设计工业产品时的人机界面所必须考虑的因素。在我国即将加入WTO所面临的冲击下，中国的制造业无不是严阵以待，企图在竞争中保持优势。管理大师马克·波特曾说过，企业具备竞争优势的两个方式，一是扩大生产规模，走向规模经济，才能占有成本上的优势；另一个便是创造企业或产品的附加值，制造消费者趋之若鹜的心理。在现今产品和质量逐步提高，且消费者对商品品质要求越来越高的情况下，各产品制造商们无不力求突破，希望能出奇制胜，打动消费者的心。

报告期内的生产量反映的是报告期内的工业生产成果，凡报告期内生产的产品都应计算在内，即截至告期最后一天检验合格并办理了入库手续的产品，其中规定要求包装的产品必须包装好才能计算其生产量。若将产品类别区分为专业用品和一般用品的话，专业用品在人机工程上则会有更多地考虑，比较偏重于生理的层面；而一般性产品则必须兼顾心理层面的问题，需要更多的符合美学及潮流的设计，也应以产品人性化的需求为主。

人机工程学的显著特点是在认真研究人、机、环境三个要素本身特性的基础上，不单纯着眼于个别要素的优良与否，而是将使用者和所设计的产品以及人与产品所共处的环境作为一个系统来研究。系统设计的一般方法，通常是在明确系统总体要求的前提下，着重分析和研究人、机、环境三个要素对系统总体性能的影响，如系统中人和机的职能如何分工、如何配合、环境如何适应人、机对环境又有何影响等问题，经过不断修正和完善三要素的结构方式，最终确保系统最优组合方案的实现。这为人机工程学为工业设计开拓了新的思路，并提供了独特的设计方法和有关理论依据。

这个系统中，人、机、环境三个要素之间相互作用、相互依存的关系决定着系统总体的性能。作为一个全息系统的局部，一个产品中包括了商品社会中的全部信息。一件设计优良的产品，必然是人、环境、技术、文化等因素巧妙融合、平衡的产物。一般认为，工业产品设计的首要目的是实现工业产品的使用价值，是生产目的的物质表现。使用价值包含了实用功能、认知和审美功能。实用功能体现了人对工业产品的目标设定，结构和形式是工业产品存在的内在形态和外在形态，工业产品价值分析的出发点是根据对功能的要求提出结构和形式的规定。但是，在消费社会里，工业产品与工业产品设计还有更多的思考，含义更加复杂和拥有更多的解释。

开始一项产品设计的动机可能来自各个方面，有的是为了改进功能，有的是为了降低成本，有的是为了改变外观，以吸引购买者，更多的情况是上述几方面兼而有之。于是，对设计师的要求就可能来自功能、技术、成本、使用者的爱好等各种角度。不同的产品设计的重点也大不相同，除了一般的大众消费品之外，专为特殊族群所设计的产品在人机工程学上也有更多地考虑。如残疾人用的瓷器套具，此套设计是专为残疾人做的餐具，又不让人直接看出它们是专为残疾人做的。

总结，在 21 的世纪，我们以新的方式来感知世界，人们越来越多的在追求一种新的生存环境和生存空间，毫无疑问，未来的人性化设计具有更加全面立体的内涵，它将超越我们过去所局限的人与物的关系的认识，向时间、空间、生理感官和心理方向发展，同时，通过现代高科技如虚拟现实、互联网络等多种数字化的形式而扩延。IDEO 设计公司的数字化收音机正是基于这一观念上的最新数字广播概念设计，通过对使用者状况的设计构想，研究收音机的可能外观和操作方式。无论在造型上还是在界面设计上，都使人机

交互关系达到物我两忘的状态。该收音机上的显示屏幕以图形界面来说明音频节目的内容。设计范围包括个人化家用收音机、个人可携式收音机和演艺工作者的专业收音机。

中国未来的产品设计必须以创意与革新为首要条件，唯有真正好用且务实的商品才能在市场上脱颖而出，设计出让消费者感到贴心且实惠的产品方是企业制胜的绝佳利器。符合人机工程，人性化的设计是最实在，同时也是最前沿的潮流与趋势，是一种人文精神的体现，是人与产品完美和谐的结合。使人性化的设计真正体现出对人的尊重和关心。

四、工业产品模型制作要以美学为基础

（一）美学的基本理论

在当代，随着经济的不断发展，人们对于温饱已然不再是难题，而是要追求与更高层次的文化追求，这使得文化生活的审美更加趋向于生活化，人们的日常消费都在追求于美的一切，同时美也源于生活的艺术化。因机械式的规律而生产制造出的工业产品，其行为观念的规定往往令人失去了“本真”，保持了大量我们并不想保持的“自然”状态，好似被动地接受了现实。这样的“自觉状态”，其实就是失去了生活中的美。

工业产品的审美功能要求产品的形象有优美的形态，给人以美的享受。设计者根据形式法则、时代特征、民族风格，通过点、线、面、空间、色彩、肌理等一系列要素，构成形象，产生审美价值。人们的审美在诸多因素的影响下，总是在不断地变化，所以，工业产品造型设计需不断积累经验，以美学为基础，灵活地将美学法则运用于人性化设计，创造出有特色的产品形象。

设计一件优秀的工业产品，需要设计师有良好的美学素养，但在现阶段文化创意产业发展的背景下，其工业产品设计的发展却差强人意。一方面，随着当代审美泛化，人对于生活美感需求逐渐提高，审美日常生活化的趋势渐渐凸显出来，使得现代美学朝着生活美学的方向发展。另一方面，在现阶段国内文化创意产业发展如火如荼的大背景下，其最为重要的工业产品设计

却仍局限在复制国外成功产品的盗版模式下，停滞不前。中国是世界文明古国，有着悠久的历史文化宝藏，在设计领域里曾有着举足轻重的地位。

工业产品作为物质与精神文化的载体，是功能、结构、材料、价值、安全、审美、人际关系等多种因素的综合体现，但随着经济的发展，商品的丰富多彩，社会结构中社会分层细化，作为工业产品的符号价值被独立出来，甚至被人为地加大了它的作用。现今国家的发展领域往往都在制造业上下功夫，追根究底，却忽略了文化的积淀。要令文化创意产业得到广阔的发展，将工业产品更好的应用“文化”与“创意”则显得尤为重要，这就使得文化创意产业下的工业产品做出准确的美学定位分析问题亟待解决。

由于文化与经济巧妙地结合起来，也显示出工业产品文化本身的力量。工业产品与工业产品设计不仅体现当代文化与经济的联系，同时也暗含着当代社会结构运作的奥秘。准确度量是计算产品产量的重要一环，企业应配备必要的计量设备，对产量进行实际度量，不得随意估算，对确有困难不得不推算的某些产品，一定要按照主管部门规定的推算方法计算，使之尽量接近实际。

（二）以美学为基础的意义

工业设计的对象是产品，其设计目的就是为了满足人们的需要，因此，从本质上看，产品设计是为人的设计，其出发点和归宿是不断满足人们日益增长的物质和精神需要。这种以人为中心和尺度的，满足人的生理和心理需要、物质和精神需要，营造舒适、高雅的居住空间，使人们享受空间的使用趣味和快感、人性得以充分的释放与满足的设计就是人性化设计。

产品造型的人性化设计。造型是营造主题的一个重要方面，主要通过产品的尺度、形状、比例及层次关系对心理体验的影响，让用户产生拥有感、成就感、亲切感，同时还应营造必要的环境氛围使人产生夸张、含蓄、趣味、愉悦、轻松、神秘等不同的情绪。通过产品造型形态可以体现一定的指示性特征，暗示人们该产品的使用方式、操作方式。通过产品形态特征还能表现出产品的象征性，主要体现在产品本身的档次、性质和趣味性等方面。

通过形态语言体现出产品的技术特征、产品功能和内在品质，包括零件之间的过渡、表面肌理、色彩搭配等方面的关系处理，体现产品的优异品质、精湛工艺；通过形态语言能把握好产品的档次象征，体现某一产品的等级和与众不同，往往通过产品标志、常用的局部典型造型或色彩手法、材料甚至价格等来体现；通过产品形态语言也能体现产品的安全象征，在电器类、机械类及手工工具类产品设计中具有重要意义，体现在使用者的生理和心理两个方面，著名品牌、浑然饱满、整体形态、工艺精细、色泽沉稳都会给人以心理上的安全感，合理的尺寸、避免无意触动的按钮开关设计等会给人生理上的安全感。

（三）以美学为基础的方法

人人都对于美有着强烈的向往，古人以羊大为美，对于壮丽的山川充满了热爱。到了近代，“生活美学”认定“审美即生活”，当代艺术走向“艺术即经验”。随着当代“审美泛化”我们所发展的“生活审美化”与大众所熟知的“艺术生活化”逐渐变得热烈了起来，当代美学和艺术论需要我们重新构建，并回到普通民众的模式中去发展。从18世纪康德的美学传统构架起来的“崇高论”，将一切的艺术与功利绝缘，隔断艺术与其它文化的内在关联。到20世纪欧美发展起的前卫艺术，正是要对于艺术的形式进行深刻的改变，使其走入生活，将艺术与日常变得逐渐模糊。

产品色彩的人性化设计。作为产品的色彩外观，颜色不仅具备审美性和装饰性，而且还具备符号意义和象征意义。产品设计美学发展经历了由繁入简的变化，从专为贵族服务的繁复冗杂装饰转变为越来越适合现当代生活节奏与市场规律的发展的设计美学理念。设计理念的发展，有着漫长的历程。作为视觉审美的核心，色彩深刻地影响着人们视觉感受和情绪状态。产品设计中的色彩暗示其使用方式和引起人们注意。色彩设计应依据产品表达的主题，体现其诉求。而对色彩的感受还受到所处时代、社会、文化、地区及生活方式、习俗的影响，反映着追求时代潮流的倾向。

随着经济的发展和与各国之间的交流的扩展，生活方式的层面正在逐渐减少，但基本层面所包含的一个国家社会结构间个人的层面、地区性的层面，以及国家与国家的层面仍然存在。虽然，在今后的工业产品设计中必须融入不同的层面所把握到的价值观，但无论怎样，它都应该是本着对人类、社会、自然负责的态度，实现最基本的、健康的、合理的价值观。以工业产品与工业产品设计为媒介，通过重叠着地从个人价值、社会价值和自然价值的层面的“过滤器”体现出来的价值观，这也是工业产品设计师所面临的重要设计课题之一。如果失去了工业产品的最基本的价值的话，它不在于作为物的工业产品本身，而是设计、制造和购买工业产品的人，以及所控制的设计、制造和购买工业产品的系统发生了根本的变化。健康、合理的消费观念是促进经济持续发展、构建和谐社会的保证。

五、工业产品设计模型的安全性原则

从安全科学的角度来看，安全系统由人、机、环境三者共同构成。人对安全的需求决定了安全具有自然属性和社会属性。在“安全的自然属性占主导地位时，人类追求的安全是盲目的，安全问题的解决是被动的。当安全的社会属性占主导地位时，人们对安全问题的解决就变为主动了，对安全目标的追求就变为理智的”。而事故的发生又具有随机性、因果性、潜伏性以及可预防性。因此，设计所要解决的问题不仅仅指所设计生产出来的产品在有限的使用期限内对人和环境是安全的，更要确保在产品的设计过程中没有安全问题的产生。

（一）功能原则

功能的实现是工业产品设计的最终目的，而安全的贯彻，既是功能实现的前提条件，也是产品功能的拓展。功能原则（functional principle）是指系统组件（如显示器、控制器等）按其功能上的联系进行位置安排的原则。如将功能相近或系统操作中功能相关的显示器或控制器组装在一起；把同类设备上功能相似的显示器或控制器安排在相对一致的位置上。按功能原则排列系统组件有助于记忆，可减少搜寻时间和防止误操作。

产品的美至少有两个显著特征，一个是产品以其外在的感性形式所呈现的美，一般称之为“形式美”，这是我们能都很熟悉的，在设计基础课上就已经训练过的；另一个是产品以其内在的功能而呈现在外的美，我们称之为“功能美”。形式美由于是外在的，易感知的，因而生动、具体、有广泛的理解性，有功能美则是更多的通过技术关系等多方面的因素所呈现出来的。

产品在使用过程中功能不被误用。功能的安全性是产品安全的前提，一旦产品功能不具备安全性的前提，那么用户在使用过程中的安全性就没有了保证，同时，功能使用的安全性还来自功能的易用性。如今，产品功能在追求多样化设计的同时也使得产品的操作变得更加复杂，而产品外观功能的简洁化追求无疑又增加了实际操作过程中的难度。

（二）社会与文化原则

社会是以共同物质生产活动为基础而相互联系的个人的共同体。自然、社会和精神是宇宙的三大领域、哲学的三大对象。社会包括经济、政治和文化三大领域。广义的文化是人类心灵（精神世界）的外化。精神世界具有内在性的一面，人的心灵总有一些它人无法感知的东西，这些方面不是文化；精神世界具有外化性的一面，人的心灵总会通过各种形式表现出来，这些形式就是文化。狭义的文化是指精神文化，与经济、政治相对应。

产品是人与人之间沟通的媒介，它存在于特定的环境背景中。在艺术设计领域，产品设计由于其与工业生产密切的联系，它的安全问题也日益受到关注。但是传统上产品设计的安全内容属于人机工程学研究的领域，而以往人机工程学多关注于产品使用的舒适度研究，产品安全还居于次要的位置。

产品设计的经济因素不能仅局限于企业创造良好的经济效益、拉动市场需求等商业方面，更需要将环境的经济性、生态的经济性，以及人文的经济性纳入考虑范围。就产品而言，它们都是在各种载荷作用下完成特定工作的。为了实现产品的功能要求，必须保证产品的各个零部件有足够的强度，以使产品能安全可靠地工作。强度设计与费用设计要有机地结合起来，达到强度与成本之间的最佳组合。

同时，群体因素也是需要着重考虑的内容。在多民族密集居住的地区，因民族宗教信仰的不同，各民族之间往往会因彼此文化观念的不同而造成示威冲突及区域矛盾，严重影响和谐环境的建设。针对民族文化背景复杂地区的产品设计，就需要设计师充分掌握不同文化背景下的产品设计原则以及民族风俗与民族禁忌，以在最大程度上减少因产品的设计、投放不当而引发的区域安全危机。

六、工业产品设计模型的视觉设计原则

（一）视觉界面设计

界面设计（即 UI 设计）是人与机器之间传递和交换信息的媒介，FaceUI 称包括硬件界面和软件界面，是计算机科学与心理学、设计艺术学、认知科学和人机工程学的交叉研究领域。近年来，随着信息技术与计算机技术的迅速发展，网络技术的突飞猛进，人机界面设计和开发已成为国际计算机界和设计界最为活跃的研究方向。

说到视觉设计，运用最多的领域当属互联网这一行业了，在互联网中界面设计是视觉设计的重点，就像之前说的，视觉设计不再仅仅是针对美的艺术型创作，其中还涉及功能框架的约束条件，在界面上工作的任何设计师，都必须理解下面几个方面的基本元素：颜色、版式、形式和组合，还必须了解一些交互的原理，这对做出更加具有逻辑指导意义的界面设计很有帮助。

艺术设计是为传播特定事物通过可视形式的主动行为。大部分或者部分依赖视觉，并且以标识、排版、绘画、平面设计、插画、色彩及电子设备等二度空间的影像表现。通过对界面设计不同需求进行的分类以及界面设计元素对用户行为的影响，来研究用户在界面设计中所体现的重要性。交互性已经成为网络界面设计中设计追求的目标。为了使设计满足可用性要求，全面的了解用户特征及多元化要求是十分必要的。这就需要找到正确的方法来记录和实现多元化的用户要求。

最初的数字媒体领域是以图形设计为主，它们更加关注的是 pc 上的图

形结构外观，而对于视觉界面设计师来说，既需要有图形设计师相似的技能，更应该注意设计组织问题，以及启示向用户表达行为方式。视觉设计师的职责与内容和导航有关，而不是更多的交互功能。在web设计中，内容常比功能更重要。它们的焦点在于通过使用视觉语言来控制信息层次关系，正如视觉信息设计师的工作紧密围绕信息结构一样，视觉界面设计师的工作是紧密地围绕交互设计。

（二）视觉设计原则

1．避免视觉噪音所带来的杂乱

视觉设计是针对眼睛功能的主观形式的表现手段和结果。与视觉传达设计异同，视觉传达设计属于视觉设计的一部分，主要针对被传达对象即观众而有所表现，缺少对设计者自身视觉需求因素的诉求。视觉传达既传达给视觉观众也传达给设计者本人，因此深入的视觉传达研究已经关注到视觉感受的方方面面，称其为视觉设计更加贴切。所谓界面视觉的噪声，是指同一页面承载了过多的视觉元素，使得原本的画面变得杂乱无章，它们会分散用户的注意，是的用户的注意力不能集中在表达软件行为的视觉元素之上。这就如同一条马路通行着过多的车流，导致道路的拥堵一般。

视觉传达设计对于我国企业提高竞争能力的作用十分重要，在与众多学科交差交融中发展速度非常迅猛。视觉传达设计是为现代商业服务的艺术，主要包括标志设计、广告设计、包装设计、店内外设计、企业形象设计等方面，由于这些设计都是通过视觉形象传达给消费者的，因此称为“视觉传达设计”，它起着沟通企业—商品—消费者桥梁的作用。视觉传达设计主要以文字、图形、色彩为基本要素的艺术创作，在精神文化领域以其独特的艺术魅力影响着人们的感情和观念，在人们的日常生活中起着十分重要的作用。

2．使用对比、相似性以及分层来区分和组织元素

在界面设计中，往往元素是满足了两种需要，首先为界面中的主动元素，即可操作的界面元素；其次是不可操作元素，即界面的静态元素。将这两种类型的元素进行对比，以便更好地表达它们不同的功能，正确地使用对比会

产生用户能够记住和识别的视觉模式，使它们更快地找到信息的目标，对比提供了显示界面视觉层次各种元素的关系，换句话来说，对比是功能和行为表达的工具。

我们生活在科学的世界，我们更生活在规律的世界，每一件事都有其规律可循，科学本身就是在遵循规律，运用规律上的劳动创造。世界上的事物虽然千姿百态，但究其内在的本质，都有其相同的哲理性，当我们摸清了事物各自迥异的个性后，就需要开始去寻找它们内在的共性，这才是一个明哲、智慧的做法，也是认识事物的最好途径。只有这样才能掌握大自然的运动规律，从而站在哲学的高度，通晓自然科学和社会科学领域的真谛。

设计被认为是人类创造力发挥最好的途径，它产生于人类发现和创造有意义的生活方式和生活秩序的需要，是人类基于生活需要而对事物在观念和实际上加以组织和改造的过程，这表现在人与自然、人与社会的关系之中。而设计就是对这诸多关系的统一筹划，它几乎涵盖了人类有史以来一切文明的创造活动。

设计是沟通。是传达，而艺术是表现、是创作。这并不是说设计里没有表现的成分，更不是说艺术是不在乎沟通的。但是两者在这两项上的侧重是有很大差别的。设计是不能凭感觉做的，要考虑各种因素，要寻找最佳的表达方法，要把自己的感觉翻译成大众能够理解的有效视觉语言。在人类社会的初始阶段，人们天天接触的就是石头，由于自然界作用力是相似的，由此，世界各地诞生了大同小异的石针、石斧、石刀等工具，石器时代来临。到了后来，由于火的出现，人们发现陶土烧硬能制作各种各样的容器，说来也怪，谁也没约定好，世界各地所有的容器都是底朝下，口朝上，为何？地球引力的相似性。自然，陶器时代接踵而至。此后，火继续烧，温度继续升，尤其是火山爆发后火山灰展现的千姿百态，人们发现，金属在熔化过程中，铜的熔点比铁的熔点低，于是，铜器大量出现，铜器时代悄然而至。此后，铁器时代才姗姗来迟。

参考文献

[1] 孙经纬 .After Effects 玻璃质感的表现 [J]. 影视制作，2003（9）：31.

[2] 何媛媛 . 玻璃艺术中材料表现的多样性 [J]. 艺术教育，2014（9）.

[3] 黄志康 . 玻璃质感的 3DMAX 表现 [J]. 行政科学论坛，2004，18（5）：37-38.

[4] 姜霖 . 产品材质美的来源 [J]. 商场现代化，2004（11）：100-108.

[5] 李泽响，郑晶 . 产品设计表现技法的现代化之路 [J]. 科技创业月刊，2010，23（11）：161-162.

[6] 王富瑞 . 产品设计表现技法 [M]. 北京：高等教育出版社，2003.

[7] 王知刚 . 产品设计流程比较和创新 [J]. 包装工程，2004，25（2）：154-155.

[8] 舒利香 . 产品设计中材质的研究及应用 [J]. 现代装饰：理论，2012（11）：204.

[9] 舒利香 . 产品设计中材质美探讨 [J]. 现代商贸工业，2011，23（21）：115.

[10] 行淑敏，徐雪梅，陈健敏 . 大规模定制家具设计流程初探 [J]. 家具与室内装饰，2004（2）：20-22.

[11] 王岩 . 工业产品的设计与需求 [J]. 科技传播，2013（18）：100-101.

[12] 江牧 . 工业产品设计安全的伦理剖析 [J]. 装饰，2007（9）：14-17.

[13] 王文萌 . 工业产品设计的安全属性与安全设计原则研究 [J]. 山东工艺美术学院学报，2016（1）：51-54.

[14] 陈为，范骏 . 工业产品设计质量模糊综合评价法的研究与应用 [J]. 机电产品开发与创新，2008，21（2）：74-76.

[15] 吕健安，杨君顺 . 工业产品设计中的美学元素分析 [J]. 艺术与设计：理论版，2008（9X）：163-165.

[16] 祁丽霞 . 工业产品宜人性评价模型研究 [J]. 华北水利水电大学学报（社会科学版），2014，30（3）：22-25.

[17] 庄亚非，李佩 . 工业产品造型设计创新思考 [J]. 工业技术创新，2017（2）：149-152.

[18] 王薇，谢一槐 . 工业产品造型设计的创意与创新实践研究 [J]. 艺术科技，2017，30（2）.

[19] 曾智焕 . 工业产品造型设计的时代特征 [J]. 乌鲁木齐职业大学学报（汉文版），2017（3）：42-45.

[20] 于巍巍，沈瞳 . 工业设计手绘效果图训练的重要性 [J]. 黑龙江教育学院学报，2014，33（3）：66-67.

[21] 赖家令 . 工业设计中表现技法的运用和探究 [D]. 重庆大学，2008.

[22] 万百五 . 工业生产的产品质量模型和质量控制模型及其应用 [J]. 自动化学报，2002，28（6）：1019-1024.

[23] 胡东方，商建东 . 工业仪表集成框架模型及在造型设计中的应用 [J]. 洛阳工学院学报，2002，23（1）：37-40.

[24] 徐福嘉，李春江 . 工业造型设计要素 [J]. 包装与食品机械，1987（1）：42-48.

[25] 石成云 . 关于低碳时代工业产品形态设计的研究 [D]. 天津理工大学，2012.

[26] 江牧 . 国外产品设计安全理论述评 [J]. 艺术百家，2007（1）：67-69.

[27] 何立 . 过渡面在产品设计中的形态美研究—以杭州市公共自行车系统设计项目为例 [D]. 中国美术学院，2012.

[28] 张修乾 . 基于人机交互的工业产品设计模型研究 [J]. 现代电子技术，2017，40（20）.

[29] 陈丽 . 基于信息传达的标志设计方法研究 [J]. 法制与社会，2010（15）：239-240.

[30] 陈丽 . 基于信息理论的标志设计方法研究 [D]. 武汉理工大学，2010.

[31] 晏定 . 交互设计思想在工业产品设计中的应用探究 [J]. 科技展望，2016，26（36）.

[32] 胡晓庆，王苗辉，高运芳 . 金属材料的感觉特征与产品形态设计 [J]. 包装工程，2007，28（8）：184-185.

[33] 何建章，邝日安，张卓元 . 经济体制改革要求以生产价格作为工业品订价的基础 [J]. 中国社会科学，1981（1）：39-52.

[34] 顾炎辉 . 论产品设计表现技法的发展趋势 [J]. 科技信息，2009（35）：357.

[35] 俞荣标 . 论产品设计中的美学特征 [J]. 大众文艺，2011（4）：51.

[36] 苏晨，周锦琳 . 论工业产品设计的创意设计与方法 [C]. 土木建筑教育改革理论与实践 .2008.

[37] 沈康亮，郝介英 . 论工业产品造型设计的功能与形式 [J]. 天津科技大学学报，1999（2）：81-82.

[38] 陈为 . 论工业设计中产品造型设计之特征 [J]. 图学学报，1996（1）：83-94.

[39] 周睿 . 论计算机时代的产品设计手绘表现技法 [J]. 郑州轻工业学院学报（社会科学版），2009，10（4）：35-37.

[40] 田鸿喜，张敏 . 论手绘表现图对设计师思维培养的重要性 [J]. 美术大观，2008（2）：118.

[41] 金哲 . 论文化创意产业中的当代艺术设计 [J]. 艺术教育，2017（4）：223-224.

[42] 翟芮 . 论现代玻璃艺术的隐喻性表现 [D]. 中央美术学院，2015.

[43] 刘志峰 . 绿色产品综合评价及模糊物元分析方法研究 [D]. 合肥工业大学，2004.

[44] 李慰立 . 绿色工业产品设计与制造 [J]. 重庆环境科学，1999，21（3）：20-22.

[45] 齐秀芝 . 面向符号学关联元素的产品设计表现技法的探讨 [J]. 宝鸡文理学院学报（自科版），2008，28（1）：63-65.

[46] 吕健安，杨君顺 . 模型及其在工业产品开发中的应用分析 [J]. 商场现代化，2008（10）：42-43.

[47] 马宏儒，刘文金 . 木材肌理在家具造型设计中的表现 [J]. 家具与室内装饰，2008（3）：66-67.

[48] 田雨 . 木材裂纹缺陷的艺术设计表现力研究 [D]. 中南林业科技大学，2011.

[49] 刘笑明，李同升 . 农业技术创新扩散的国际经验及国内趋势 [J]. 经济地理，2006，26（6）：931-935.

[50] 郑建启，严胜学 . 信息时代产品设计美学探索 [J]. 山东工艺美术学院学报，2002（1）：24-25.

[51] 秦波 . 浅谈工业设计专业产品表现技法课程教学改革 [J]. 美术教育研究，2013（21）：132-133.

[52] 欧冬梅 . 浅谈农业科技创新的意义 [J]. 新课程：教育学术，2012（1）：186.

[53] 王晓燕 . 浅谈农业科技创新的意义 [J]. 农业经济，2008（12）：68-69.

[54] 陈捷频，刘进 . 浅谈手绘效果图对设计的意义 [J]. 大众文艺，2013（19）： 131.

[55] 周根静 . 浅谈手绘效果图设计中临摹的重要性 [J]. 戏剧之家，2017（2）：181.

[56] 梁雪玲 . 浅析材质美在产品设计中的表现 [J]. 中国新技术新产品，2015（1）：38-39.

[57] 孙亚婷 . 浅析产品设计表现技法中教学方法的运用 [J]. 大众文艺，2010（12）：254.

[58] 黄华 . 浅析产品形态的设计美学 [J]. 轻工科技，2008，24（11）：89.

[59] 童伟林 . 浅析产品造型设计三要素 [J]. 群文天地，2011（23）：38-40.

[60] 罗胤 . 浅析金属质感的风行及未来发展 [J]. 大众文艺，2012（10）：68-69.

[61] 王秀玲 . 人机工程学的应用与发展 [J]. 机械设计与制造，2007（1）：151-152.

[62] 沈乃棣 . 影响产品设计的技术经济因素 [J]. 现代农业装备，1996（2）：28-29.

[63] 周耀，关圣锡 . 艺术玻璃在产品设计中的表现形式分析 [J]. 设计，2017（21）.

[64] 王敏 . 形态设计的进化 —— 产品造型设计中仿生美学的应用与发展 [J]. 吉林艺术学院学报，2011（4）：31-35.